JN227984

相分離生物学

白木賢太郎 著

東京化学同人

カバーイラスト，章見出しイラスト：豊田修平（atrium）

目　　次

1. **はじめに** 1
    1・1　膜のないオルガネラと液-液相分離 1
    1・2　相分離生物学 5

2. **情報伝達と液-液相分離** 11
    2・1　セントラルドグマとアンフィンセンドグマ 11
    2・2　染色体はどのようにして凝縮した構造を形成するのか？ 14
    2・3　エピジェネティックな修飾は溶解度を変えている？ 16
    2・4　転写因子がDNAの周りにたくさん集まるのはなぜなのか？ ... 17
    2・5　シグナル伝達は矢印で描くように情報の伝達をしているのか？ ... 21
    2・6　キナーゼはタンパク質の溶解性を変化させている？ 22
    2・7　シグナル伝達のハブとなるタンパク質は何をしているのか？ ... 24
    2・8　多様な翻訳後修飾は溶解性を制御している？ 25

3. **タンパク質パラダイムの転換** 32
    3・1　タンパク質の構造機能相関 32
    3・2　タンパク質フォールディング 34
    3・3　レビンタールのパラドックス 35
    3・4　タンパク質の結晶構造 38
    3・5　天然変性タンパク質の発見へ 40
    3・6　天然変性タンパク質は液-液相分離する 43

4. RNAパラダイムの転換 … 48
- 4・1 多様なRNAの姿 … 48
- 4・2 局在するRNA … 50
- 4・3 ストレス顆粒 … 52
- 4・4 RNAの足場 … 53
- 4・5 lncRNA … 56
- 4・6 相分離以降のRNAワールド … 58

5. 細胞内オーガナイザーと場の構築 … 62
- 5・1 生化学の代謝 … 62
- 5・2 代謝の物理学 … 65
- 5・3 RubisCO … 69
- 5・4 ピレノイドは膜のないオルガネラ … 70
- 5・5 試験管内でのRubisCOの相分離 … 72
- 5・6 酵素反応をオーガナイズする … 74
- 5・7 酵素超活性と反応場 … 77

6. アミロイドと低分子コントロール … 82
- 6・1 アミロイドとは … 82
- 6・2 タンパク質はアミロイドになる … 84
- 6・3 FUSと液-液相分離 … 86
- 6・4 相分離シャペロン … 88
- 6・5 ATPには別の顔が? … 91
- 6・6 生物学的相分離の低分子コントロール … 94

7. プリオンはなぜ保存されてきたのか? … 98
- 7・1 プリオンとは … 98
- 7・2 酵母プリオンSup35 … 100
- 7・3 ゲル化するプリオン … 102
- 7・4 シャペロン … 103
- 7・5 普遍的な五次構造 … 105

8. 細胞内にある物理学 ……………………………………………… 109
 8・1 非対称性と溶液物性 ……………………………………… 109
 8・2 細胞内の空間記憶 ………………………………………… 112
 8・3 ドロプレットと染色体高次構造 ………………………… 114
 8・4 オーバークラウディング ………………………………… 116
 8・5 アクティブマター ………………………………………… 119

9. タンパク質溶液の理論とテクノロジー …………………… 124
 9・1 アミノ酸 …………………………………………………… 124
 9・2 タンパク質の高次構造 …………………………………… 127
 9・3 アミノ酸側鎖間の相互作用 ……………………………… 128
 9・4 タンパク質の凝集 ………………………………………… 131
 9・5 タンパク質の共凝集 ……………………………………… 133
 9・6 タンパク質凝集抑制剤 …………………………………… 135
 9・7 タンパク質高分子電解質複合体 ………………………… 137
 9・8 液-液相分離の安定化原理 ……………………………… 139
 9・9 クラウディングと排除体積 ……………………………… 141

10. 新しいタンパク質研究 ……………………………………… 145
 10・1 タンパク質の進化 ………………………………………… 145
 10・2 進化のアルゴリズム ……………………………………… 148
 10・3 進化のゆりかご …………………………………………… 149
 10・4 *de novo* デザイン ……………………………………… 151
 10・5 状態機能相関 ……………………………………………… 154
 10・6 相分離メガネをかけて …………………………………… 156

あとがき ……………………………………………………………… 163
索 引 ………………………………………………………………… 165

1 はじめに

1・1 膜のないオルガネラと液-液相分離

　すべての生物は細胞からできている．真核細胞を拡大してみると，遺伝物質であるDNAが収められた核や，核の周りに広がったタンパク質の合成やプロセシングをつかさどる小胞体，ATPを合成するためのミトコンドリア，タンパク質に糖鎖を修飾するなどのプロセシングに関わるゴルジ体などのオルガネラ（細胞小器官）が発達しているのがわかる（図1・1）．これらはすべて，脂質膜が関係するのが特徴だ．脂質二重膜にタンパク質が結合していたり，生体膜で区切られていたりすることで，機能

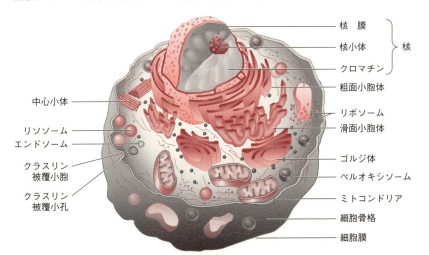

図1・1　**動物細胞**　細胞内には生体分子の集合物や発達したオルガネラがあり，それぞれの役割を担っている．[S. R. Goodman 編，永田和宏ほか訳，"医学細胞生物学"，p.2, 東京化学同人（2009）より改変]

が局所化されたり区画化されたりしている．

　細胞内には，膜がないにもかかわらずタンパク質やRNAなどが濃縮された領域がある．これらは**膜のないオルガネラ**（membrane-less organelles）とよばれることがある（図1・2）．細胞内には核小体やストレス顆粒のような大きな膜のないオルガネラもあるし，オルガネラとよぶには小さく一時的にできたようなものもある[1]．

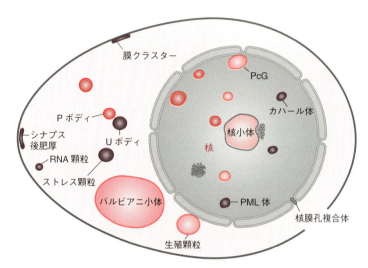

図1・2　膜のないオルガネラ　細胞内にはタンパク質やRNAが集合してできたドロプレットがたくさんあり，それぞれの働きを担っている．［S. F. Banani *et al.*, 'Biomolecular condensates: organizers of cellular biochemistry', *Nat. Rev. Mol. Cell Biol.*, **18**(5), 285-298（2017）より改変］

　"膜のないオルガネラ"という用語は数年前から使われはじめたばかりだが，この最も古い研究は，1830年頃の光学顕微鏡での観察にまでさかのぼることができるだろう[2]．アフリカツメガエルの卵細胞の核小体は古くから研究されており，大きさが約20 μmあり，光学顕微鏡でも観察することが可能な膜のないオルガネラである．粘度はかなり高いが液体の性質をもっており，数十秒くらいのオーダーで融合や分離が起こる[3]．

　ほかにも"カハール体"は0.1 μmから2 μmの大きさがあり，核内に1個から5個ほどあってリボ核タンパク質の生合成を担う．"ストレス顆粒"は細胞質に多く含まれるドロプレット（液滴）で，100 nmほどの大きさがあり，ストレスに応答して細胞内に形成されて翻訳を抑制する働きがある．このように名付けられているドロプレットだけでも20種類以上がある[4]．本書で見ていくとおり，ドロプレットは最も

大きな核小体で4000種類以上ものRNAやタンパク質の集合体からなるものから，たった1種類のタンパク質で形成されるものまで，さまざまである．

このような膜のないオルガネラは，**液-液相分離**（liquid-liquid phase separation, LLPS）して形成されているのが共通した特徴だ．液-液相分離とは，溶液が均質に混じり合わず，2相に分離する現象のことをいう．複数の物質が溶液に溶けているとき，混じり合っているよりも2相に分離した方が安定な場合には相分離する．この界面には脂質二重膜などの仕切りがなく，水分子や溶質は界面を自由に通ることができる．液-液相分離して球状になった集合体は，**ドロプレット**（liquid droplet，液滴ともいう）や濃縮物（condensate），コアセルベート（coacervate）など，さまざまなよばれ方をする．流動性の比較的低いドロプレットはゲル（gel）とよばれたり，想定される分子との相互作用がはっきりしているケースではタンパク質の**五次構造**（quinary structure）や**凝集顆粒**（agglomerates）とよばれたりすることもある．このように，まだ用語も明確ではないのが現状だが，本書では"ドロプレット"と統一する．また，生体分子によるドロプレットの形成は，古典的な意味での液-液相分離とは異なる可能性があるので，本書では**生物学的相分離**とよぶことにしたい．

ドロプレットは簡単につくることができる．ポリリシンのようなポリアミノ酸とATPのような低分子を混ぜるだけでもできるし，イオン強度を低く抑えた水溶液中で，タンパク質の卵白リゾチームとオボアルブミンを混合するだけでもできる（図1・3）．ドロプレットは普通の光学顕微鏡を覗くと観察できるとおり丸い形をしている．液体と液体の界面の面積が狭い方が安定なので球状になるのだ．一方，タンパク質の構造が部分的に壊れている場合，凝集体とよばれる不定形の塊になる．ドロプ

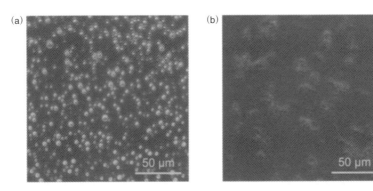

図1・3 ドロプレットと凝集体 リゾチームとオボアルブミンが形成するドロプレット(a)と凝集体(b)．[K. Iwashita *et al.*, 'Coacervates and coaggregates: liquid-liquid and liquid-solid phase transitions by native and unfolded protein complexes', *Int. J. Biol. Macromol.*, **120**, 10-18 (2018) より]

レットは内部に流動性をもつが，凝集体は流動性がないために形状が異なる．このようなドロプレットの基本的な性質については第9章で詳しく見ていきたい．

　細胞内にあるドロプレットの内部を見てみると，構造をもたない天然変性タンパク質（§3・5参照）や，RNA（第4章参照）のようなポリイオンが含まれている．ドロプレットは静電相互作用やカチオン-π相互作用，π-π相互作用，短いクロスβ構造などで安定化されているが（§9・3参照），数多くの弱い相互作用によって形成されているため流動性があり，温度変化やpH変化，低分子の存在などによって形成したり溶解したりもする．動的な集合体であるのが特徴だ．

　細胞の中には高濃度の生体分子が存在する．数百mg/mLにも及ぶので，"詰まっている"と表現した方が正確かもしれない．酵母に含まれるタンパク質はおおむね1億個，哺乳類の細胞だと100億個くらいにはなるとされる[5]．これだけの数のタンパク質があるので，連続的にまとまった反応を生じるためには区画化が必要になる．そのためにリボソームやゴルジ体などの"膜のあるオルガネラ"があるのだが，ドロプレットはさらに小さく一時的な区画化のために役立っているのだろう．

　液-液相分離の現象が細胞内に"再発見"されるきっかけになったのは，ドイツのマックスプランク研究所のAnthony Hymanらの研究チームによる2009年の論文であった[6]．線虫の卵細胞にはP顆粒（生殖顆粒）とよばれる独自の構造物があり，卵割が進む前に片側に集まる性質がある．しかし，なぜこのような非対称性が生まれるのか，仕組みはわかっていなかった．そこで著者（Hyman）らは，P顆粒に含まれる天然変性タンパク質を蛍光タンパク質で可視化し，細胞内での動きを観察してみた．その結果，はじめP顆粒は細胞内に散らばっていたが，やがて融合して成長する液体のような性質をもつことを突き止めたのであった．

　この論文の第一著者は，現在プリンストン大学准教授のClifford Brangwynneで，本書にもあちこちに登場するとおり，魅力的な成果を報告し続けている若きスーパースターである．この最重要の論文については，生物学的相分離の研究のおもしろさが存分に理解できるようになった後，§8・1で詳しく見てみたい．このP顆粒がドロプレットであるという見方は，現在から振り返ると実に新鮮である．しかし，この論文が引用された数をみるとユニークさが理解できる．Google Scholarでこの論文の被引用数を調べてみると，出版年の2009年はたったの2回，翌年の2010年にもわずか14回しかないことがわかる．*Science*誌のような最も有名な雑誌に記載された論文としてはまったく振るわなかったのだ．しかし，2017年の1年間だけで121回，2018年には実に209回も引用されているからおもしろい．この動きの速い生命科学の分野において，著者らの発想は10年も時代を先取りしていたのである．著者らの成果はそれほど素晴らしいものだったが，*Science*誌の編集部が当時のこの論文を受理した

慧眼もそれに劣らず見事である.

　生物学的相分離の研究が広まるきっかけとなったのは，この論文が報告されて3年後の2012年，米国テキサス大学サウスウェスタンメディカルセンターに所属する Michael Rosen らによる Nature 誌への論文[7]と，同じ所属である Steven McKnight 博士らによる Cell 誌への論文[8]であった．この2本の論文が，Hymann らの研究チーム以外から報告された生物学的相分離のはじめての成果だった．ここで，個々の分子レベルでの研究と，生命現象を生み出す細胞レベルでの理解のギャップを埋めるために，中間スケールにあるドロプレットが重要な役割を担うことに気づいた研究者も多かった．

　2015年頃から，生物学的相分離の研究がさまざまな分野に波及していくようになった．細胞分子生物学だけでなく，生物物理学や構造生物学，合成生物学，溶液化学，薬学，神経生理学，酵素学，高分子化学などさまざまな分野の結果がドロプレットと関連づけられて新しい解釈がなされていくようになった．2018年1月に出版された Science 誌への論文の書き出しが，すでに次のような表現になっているのは印象深い．"最近の研究の多くは，物理化学的な条件変化への細胞応答として，液-液相分離に焦点を当てている[9]"．ここでいう"最近の研究"とは，わずか2年ほどの期間にすぎない．

1・2　相分離生物学

　Science 誌が2018年を代表する科学の一つに生物学的相分離が選ばれたのは記憶に新しい．このテーマが受賞した理由として，染色体構造と遺伝子サイレンシング，転写制御，RNAの多様性，膜輸送の四つの研究が述べられているが，本書で整理するようにもっと多岐にわたる生命の謎が新しい見方で理解されようとしている．この分野を"相分離生物学"と名付けたい．英語で表現するなら，Molecular Biology（分子生物学）と Cell Biology（細胞生物学）の間にあるという意味を合わせて，Phasing Biology（相分離生物学）とよぶのがふさわしいだろう．これまで分子生物学や構造生物学がタンパク質の分子としての働きを明らかにし，同時に多様な生命現象とのつながりを明らかにしてきたが，分子と生命現象にはかなりのギャップがあった．その間をつなぐのが，この相分離生物学である．

　本書は，分子から生物を理解する分子生物学，化学反応のまとまりから理解する生化学，細胞レベルでの生命現象を理解する細胞生物学，タンパク質の構造と機能とを関連づける生物物理学という20世紀後半から大きく発展した分野が基盤になっている．そこにさらに，水溶液中でのタンパク質や高分子の振舞いを理解する溶液熱力学，タンパク質溶液化学，高分子化学，ソフトマター物理学などが関わってくる．し

かも．本書の内容は2015年以降に書かれた原著論文が中心になっており，既存の学問体系にある"目次"がないのも特徴だ．そのため，手順を踏んで教科書のように整理するというよりは，わかりやすいテーマからはじめて後半に原理を述べるなどの構成にした．最後まで読み終わると，相分離生物学の全容がつかめるだろう．

　第1章では，導入として，生物学的相分離という用語の定義と，相分離生物学という新しい分野の位置付けを紹介した．

　第2章では，分子生物学の最も大きな主題である転写，翻訳，シグナル伝達について紹介する．相分離生物学から見ると，DNA上では遠い位置にある遺伝子が一挙に活性化されるメカニズムも，結合部位が一つしかないのに転写関連タンパク質が集まっている理由も，ヒストンがさまざまな修飾を受ける理由も，エピジェネティックな制御とは何なのかもすっきりと理解できる．第2章の後半で紹介するシグナル伝達も，生物学的相分離が関わっている姿がわかりつつある．あるタンパク質がリン酸化され，またそのタンパク質が別のタンパク質をリン酸化するというプロセスは，教科書では矢印で結ばれて描かれてきた．まるであるタンパク質が次のタンパク質を活性化するように見えるが，リン酸化のようなごくわずかな化学修飾が何をひき起こすかと考えると，タンパク質の活性化というよりもむしろ溶解性を変えるのである．同じようにセカンドメッセンジャーは，細胞内の液-液相分離のしやすさを変化させていると考えると納得がいくように思う．本書ではこのように，まだわからない謎や，これから解けるとおもしろいテーマについても書いていきたい．

　第3章では，生物学的相分離の主役である，天然変性タンパク質を紹介する．タンパク質は固有の立体構造をもって働くという見方によってタンパク質の理解が深まってきた．しかし，真核生物は構造をもたない天然変性タンパク質を数多くもっている．タンパク質が構造をもたずにどのような働きをしているのか，天然変性タンパク質はなぜ繰返し配列をもっているのか，低複雑性ドメインとよばれるあまり働きのなさそうなアミノ酸が並んでいるのはなぜか，などがこの章で理解ができる．ドロプレットを形成して反応場を形成したり，タンパク質を安定化したりするためには，立体構造をもたない方がよいのである．この章ではなぜ半世紀もの間，天然変性タンパク質が見過ごされてきたのかについても，歴史を振り返りながら考察する．これまでの科学の歩みが，液-液相分離のテーマとあわせてよく理解できるだろう．

　第4章では，ドロプレットの形成に欠かせないもう一つの分子であるRNAの姿を整理した．かつてRNAは，DNAから遺伝情報が転写されただけのものであり，その後タンパク質へと翻訳される情報の運び屋という脇役にすぎなかった．しかし，RNA干渉の現象が発見されて以降，2000年から2010年頃にかけて，さまざまな種類のRNAが発見されてきた．そしてRNAの最新の役割が生物学的相分離である．

つまり，RNA は情報を運ぶことも，化学反応を触媒することもできるが，ドロプレットを形成するというもう一つの姿が見えてきたのだ．そう考えると RNA は生体内の主役でもあり，また物質からの生命誕生のストーリーも書き換わると思うが，それは別の目的の本が必要になる．前細胞時代には RNA が主役だったという RNA ワールドの分野も，生物学的相分離の研究から再び活性化するだろう．

　第5章では区画化と"場"の機能について述べる．細胞内には何百種類，何千種類もの酵素があり，さまざまな分子を分解してエネルギーを取出したり，必要な分子を組立てたりしている．このような連続反応は，理論的に見ると小区画を仮定しなければ進まないことが知られている．実験については，光合成に関するテーマの研究が進展してきたので紹介したい．それ以外の代謝についてもドロプレットが関連しているのは間違いないが，細胞内の液-液相分離の研究は天然変性タンパク質の研究が牽引しているために，構造をもったタンパク質の代表である酵素の研究は相分離生物学の中では遅れているのが現状だ．これから酵素の連続反応や代謝が反応場としてのドロプレットとの関連で本質的な理解が深まると考えられる．

　第6章では，生物学的相分離の現象を介して理解が一挙に深まったアミロイドについて紹介する．アミロイドはタンパク質が凝集して沈着したもので，アルツハイマー病や筋萎縮性側索硬化症などさまざまな神経変性疾患に関わるとされる．このアミロイド形成にもどうやら生物学的相分離が関わっていそうだということがわかりつつある．また，2018年で最もインパクトのある登場をしたのが核内輸送受容体であった．"相分離シャペロン"としての機能が発見されたので，今後の新しい創薬のターゲットとしても期待される．

　第7章で紹介するように，プリオンのような危険なタンパク質がなぜ酵母からヒトまであらゆる生物に見られるのかについても，生物学的相分離の見方から理解できる．プリオンは翻訳を終結させる働きをもったタンパク質だが，天然変性ドメインをもっている．このドメインによって，環境からのストレスに応答してドロプレットを形成でき，タンパク質の不可逆な失活を防いでいたのである．この働きがプリオンの本来の働きであり，疾患をひき起こす性質はいわば副作用だったのである．このようなメカニズムを考えると，これから潜在的なプリオンとしてのタンパク質がたくさん発見されていくだろう．

　第8章では，細胞内に生じている物理現象を紹介したい．相分離生物学の原点にあたる Brangwynne や Hymann らによる2009年の論文は，そもそも細胞内の非対称性と溶液の関連についての発見を述べたものである．さらには，細胞内の空間記憶や，染色体の高次構造の形成もドロプレットが関わっている．また，自走する粒子の集合体としてみたアクティブマターという見方は，状態の生物学として独創的な研究が続

いているので紹介したい．生物学的相分離による"区画化"と，アクティブマターによる"動き"がリンクしたものが，物理学から理解する生命現象である．このようなミクロとマクロの間にあるメソスコピック領域を見る視点が生命の理解には不可欠だ．

　第9章では，生物学的相分離の原理を理解するために，基礎的な内容をごく簡単に紹介したい．アミノ酸の溶解度やタンパク質の高次構造，相互作用，凝集などの基本的な研究をある程度理解しておくと，ドロプレットの理解もしやすいだろう．アミノ酸が水に溶ける・溶けないというようなありふれた現象が生物学的相分離の原理になっている．ちなみに天然変性タンパク質やRNAによるドロプレットが細胞内に再発見されたのは2010年代に入ってからだが，ポリマー同士のドロプレットについては1950年代には優れた教科書が書かれているほど理解が深まっている分野だ．

　このようなタンパク質溶液の物性についての研究は，筆者が専門にしている分野だが，詳細は別の1冊にまとめる必要があるだろう．1890年代のHofmeisterによるイオンと溶解性にはじまり，1940年代のEvansとFrankの疎水性，1960年代以降の野崎とTanfordらにはじまるアミノ酸の溶解性，1980年代の荒川とTimasheffに代表されるタンパク質の溶解性など，130年におよぶタンパク質溶液の研究の成果が相分離生物学の背景にある．ちなみに試験管内ではどんなタンパク質でも可逆性の高いドロプレットのような状態をつくらせることが可能で，その技術がバイオテクノロジーに応用されてきている．

　第10章では，タンパク質の研究から見えてきた人間の思考の限界について考えてみたい．タンパク質は長い進化の末に誕生したものであり，人間が簡単に改良しようとしてもうまく行かないことが多い．そこで登場してきたのが進化の方法を用いる指向性進化法であり，また第一原理計算に立ち返る *ab initio* 法である．ここで，生物学的相分離の基本方程式と呼べる10個の見方も紹介する．

　相分離生物学は，分子と構造から見た物質の科学ではなく，状態と相互作用から見た現象の科学である．"生物学的相分離のためである"という解答（A）を先に出し，分子生物学や構造生物学や生化学や進化学などが未解決のまま残していた問題（Q）を並べてみると，次のようになる．

- 何百も何千もある複雑な代謝がなぜ混線せずに進むのか？
- 危険なプリオンが種を越えてなぜ保存されてきたのか？
- 多様な分子が高濃度含まれたような状態でなぜ特定の反応が効率的に進むのか？
- 構造をもたず機能もないはずの天然変性タンパク質がなぜたくさんあるのか？
- シグナル伝達はなぜ一旦情報が集約するような流れ方をするのか？
- 無駄なように思える多くの繰返し配列や何箇所もあるリン酸化部位はなぜ存在しているのか？

このような謎に答えることができる.

そう考えると,
- 単純な原核細胞から複雑な真核細胞へと進化できたのはなぜか？ そもそもなぜ, 細胞内にはこれだけ高濃度のタンパク質があるのか？
- 原核細胞と真核細胞の大きさが1桁ほど違うだけでなぜこれだけ細胞内の仕組みが違う必要があるのか？

というような大きな謎にも迫れそうだ.

相分離するという単純な現象から新しい学問体系が生まれようとしているのが実におもしろいが, しかし歴史を振り返れば, おおむね科学の進歩とはそういうものだった. 地球が太陽の周りを回ること, 金属に光を当てると電子が飛び出すこと, 光の速度が一定であること, DNAが二重らせん構造をもつこと, こんな何気ない発見から偉大な分野が現れてきたのが科学である.

本書が想定する読者は幅広く, それぞれの読み方ができると思う. 生物学は暗記科目だと思い込んでしまっている高校生から, 生化学や細胞分子生物学を学んでいる大学生にとって, 難しい用語は飛ばしながら, 科学が今まさに誕生しようとしているストーリーを感じてもらえると嬉しい. また, 研究室で研究をスタートしたばかりの大学院生は, 本書の内容がいちばん響くのではないかと思う. 実際に相分離生物学の講演をすると必ず反響があるのが研究者の最も若い世代だ. アカデミアで分子生物学や構造生物学に長年携わってきた研究者は, この動きの速い分野をざっとフォローするのに役立つだろう. また, 高分子化学やソフトマター物理学など, 相分離生物学が拠って立つ分野に携わる研究者は, 今取組んでいるテーマと, 最新の生物学とをつなぐ新しいテーマを着想するヒントになるだろう. 従来の教科書とは違って, わからない点やこれから理解できるとおもしろい点, これまでの見方を変えた方がよい点なども書いておきたい.

第1章の参考文献

1. S. F. Banani *et al.*, 'Biomolecular condensates: organizers of cellular biochemistry', *Nat. Rev. Mol. Cell Biol.*, **18**(5), 285-298 (2017).
2. T. Pederson, 'The nucleolus', *Cold Spring Harb. Perspect. Biol.*, **3**(3), pii: a000638 (2011).
3. C. P. Brangwynne, 'Active liquid-like behavior of nucleoli determines their size and shape in Xenopus laevis oocytes', *Proc. Natl. Acad. Sci. USA*, **108**(11), 4334-4339 (2011).
4. V. N. Uversky, 'Intrinsically disordered proteins in overcrowded milieu: membrane-less organelles, phase separation, and intrinsic disorder', *Curr. Opin. Struct. Biol.*, **44**, 18-30 (2016).
5. R. Milo, 'What is the total number of protein molecules per cell volume?：a call to rethink some published values', *Bioessays*, **35**(12), 1050-1055 (2013).
6. C. P. Brangwynne *et al.*, 'Germline P granules are liquid droplets that localize by controlled dissolution/condensation', *Science*, **324**(5935), 1729-1732 (2009).

7. P. Li *et al.*, 'Phase transitions in the assembly of multivalent signalling proteins', *Nature*, **483**(7389), 336-340 (2012).
8. M. Kato *et al.*, 'Cell-free formation of RNA granules: low complexity sequence domains form dynamic fibers within hydrogels', *Cell*, **149**(4), 753-767 (2012).
9. T. M. Franzmann *et al.*, 'Phase separation of a yeast prion protein promotes cellular fitness', *Science*, **359**(6371), pii: eaao5654 (2018).

2
情報伝達と液-液相分離

　生命現象と液-液相分離とを結ぶ研究として，遺伝子の発現とシグナル伝達から見ていきたい．最初に，生化学や分子生物学などの教科書に描かれてきたタンパク質やDNA，RNAの基本原理を整理する．この中心をなすのがセントラルドグマとアンフィンセンドグマである．しかし，これらでは理解できない生命現象がたくさんある．なぜ染色体が凝縮すると遺伝子が不活性になるのか，タンパク質がなぜこれだけ多様な翻訳後修飾を受けるのか，シグナル伝達で化学修飾を受けるリン酸基とはいったい何なのか，このような一歩深い意味について，生物学的相分離の研究を基に生命現象を理解し直してみたい．

2・1　セントラルドグマとアンフィンセンドグマ

　セントラルドグマについて，まず分子生物学の見方を整理しておきたい（図2・1）．細胞は遺伝情報をもっており，遺伝情報はDNAに書き込まれている．遺伝情報はDNAからRNAへと転写され，さらにはタンパク質のアミノ酸配列へと翻訳される．そしてDNAが複製されて子孫へと遺伝情報を伝える．このような情報の流れをセントラルドグマという．ここまでは文字通り，情報の"転写"および"翻訳"という情報のコピーが行われるプロセスである．

　翻訳されたタンパク質は，基本的には固有の立体構造を形成し，その構造に基づいてそれぞれの機能を担う（§2・1）．タンパク質のフォールディングは，発見者であるChristian Anfinsenの名をつけ，アンフィンセンのドグマとよばれることもある（§2・2）．アンフィンセンのドグマは，DNAに保持されている情報が実体化するプロセスをさすものである．

　DNAのすべての遺伝情報を，遺伝子（gene）に"すべて"という意味の"-ome"を加えてゲノム（genome）という．ただし，ゲノムと表現するときには，すべての

遺伝子という意味よりもむしろ，RNAとして働く領域や転写をサポートする領域なども含めたすべてのDNAの配列という意味で用いられることが多い．

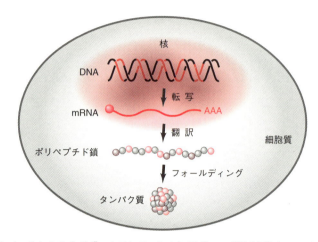

図2・1 セントラルドグマとアンフィンセンドグマ　遺伝情報はDNAからタンパク質のアミノ酸配列へと翻訳される．ここまでは情報の流れである．そしてタンパク質は固有の構造へとフォールディングし，実体のある物質として働きを担う．

ヒトのゲノムのDNA配列を読解する"ヒトゲノム計画"は，2001年2月に約99%のDNA配列に関する草稿版が発表され[1),2)]，2004年には完全版が報告された[3)]．分厚い本でもせいぜい30万字くらいだから，ゲノムの30億文字というと文字数だけでみると1万冊にもなる．そのうちタンパク質をコードする文字は1.2%しかない．DNA配列は遺伝子をコードしないノンコーディング領域が大部分だが，この領域は遺伝子の発現に働いていたり，ゲノムを安定化させたり，RNAとして働くものを転写していたり，多岐にわたる役割をもつことがさまざまな研究で明らかになってきている．

今ではありとあらゆる生物のゲノムを読むことが簡単にできるようになってきたが，その背景には，DNA配列を読むDNAシークエンサーの著しい技術革新が関わっている．ヒトゲノム計画がスタートした1990年，1日に読めるDNAの配列はせいぜい1万塩基だった．当時はサンガー法という酵素反応や電気泳動が必要な手間のかかる方法しかなかった．その後，チップの上に短いDNAを大量に並べ，並列して一挙に読む次世代シークエンサーが開発され，現在では1日に1兆塩基のDNAを読めるまでに進歩している．4カ月ごとに2倍という驚くべき進歩をしたような技術は先例がない[4)]．技術の進歩が早いコンピューターですら，ムーアの法則によれば18カ月

ごとに2倍である.

　ヒトの遺伝子の数は2004年当初は22287個と見積もられていたが，2018年の最新の情報によると21306個だという[5]．ゲノム計画が終わってから15年もの間，正確に遺伝子の数が決められないのは面白いものである．DNAのデジタル情報をタンパク質の単位に区切るのが想像以上に難しいことを意味するのだから，こういうところ

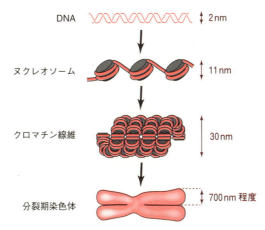

図2・2　染色体の構造　染色体はDNAがタンパク質とともに階層的に折りたたまれている．

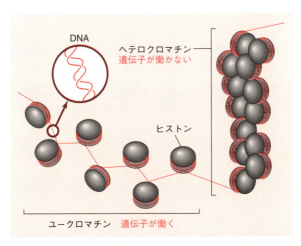

図2・3　ヘテロクロマチンとユークロマチン　染色体の構造は，大きく分けて，広がった構造をもち遺伝子が活発に発現しているユークロマチンと，コンパクトな構造をもち遺伝子が発現していないヘテロクロマチンがある．

に生命の本質が隠されているのだろう．タンパク質にまで翻訳されず RNA で機能するものも多いために，DNA は遺伝子という単位ではそもそも測るのが適切ではないのかもしれない．

ヒトの全 DNA は約 2 m もの長さをもつ．それが高度に折りたたまれ，細胞内の核に収まっている．この DNA の構造物を染色体という．DNA は，**ヒストン**というタンパク質に糸巻きのように巻きついている．糸巻きは 4 種類のヒストン（H2A, H2B, H3, H4）が二つずつ，合計 8 個が一つの単位となり，そこに 2 巻分の DNA が巻きつく形をしている（図 2・2）．糸巻き一つをヌクレオソームといい，約 200 塩基対の DNA が巻きついている．このような DNA 構造が重要な意味をもつものとして理解されてきた．

染色体の中で遺伝子の発現が活発な領域を**ユークロマチン**といい，広がった構造をもっている．他方，遺伝子の発現が不活性な領域を**ヘテロクロマチン**といい，コンパクトな状態になっている（図 2・3）．

2・2 染色体はどのようにして凝縮した構造を形成するのか？

以上のようなすでに教科書に整理されている情報を背景に，遺伝子の発現ついて，最近の生物学的相分離の発見と，そこから想像できる細胞内の生体分子の状態について思いを巡らせたい．ヘテロクロマチンはドロプレットの形成と関わっていることを，2017 年 6 月の *Nature* 誌に二つの研究チームが報告している[6],[7]．これらの論文を読んでいると，いくつもの生命の謎が解けるような気がする．

ショウジョウバエにはヘテロクロマチンタンパク質 1 (HP1) が 3 種類ある．HP1a は 206 個のアミノ酸からなり，N 末端や中央部分に固有の立体構造をもたない領域がある．このような構造をもたない長い領域をもつタンパク質を，**天然変性タンパク質** (intrinsically disordered protein) という．また，構造をもたない領域には類似した配列が繰返し現れる**低複雑性ドメイン** (low complexity domain) が 3 箇所ある．低複雑性ドメインはプリオン様ドメインとよばれることもある．このような天然変性タンパク質は真核細胞にはたくさんあることが知られているが，いったい何の働きをしているのか，2012 年頃までは真相がつかめていなかった．

カリフォルニア大学バークレー校の Gary Karpen の研究チームは，HP1a を精製し，1 mg mL^{-1} の比較的濃いタンパク質にして 22 ℃ にすると，球状のドロプレットになることを発見した．HP1a のドロプレットは約 10 秒間で融合し，液体の性質をもっていることもわかった．ドロプレットはイオン強度を増加させると形成しないので，静電相互作用が駆動力になって安定化されていると考えられる．なぜなら，イオン強度が高い溶液中では静電遮蔽の効果が生じるからである（§9・3 参照）．HP1a を緑

色蛍光タンパク質（GFP）と結合させて，ショウジョウバエや哺乳類の細胞に発現させると確かにつぶつぶのようなものが観察されたので，細胞内でも同じようなドロプレットの形成が生じていると考えられる．

　DNAが凝縮した構造をとるとき，HP1aとヒストンH3がDNAに結合していることが知られていた．このとき，ヒストンH3を構成する9番目のリシンにメチル基が2個か3個が結合したH3K9me2/3になっている．ではなぜ，このようなタンパク質複合体がDNAを凝縮した構造にするのだろうか？　Karpenらは結果に基づいて次のようなモデルを提案している（図2・4）．ここに登場するのはDNAとHP1aとH3K9me2/3である．HP1aは，H3K9me2/3が結合しているDNAの領域と相互作用する．やがてその相互作用が広がっていくとドロプレットになる．ドロプレットは周りにあるH3K9me2/3とDNAとHP1aを取込み，まるで染みが広がっていくように，どんどん大きくなっていく．結果的にドロプレットに取込まれた領域のDNAがコンパクトな構造になり，その結果，この領域の遺伝子が不活性になるのだという．おもしろい発見だ．

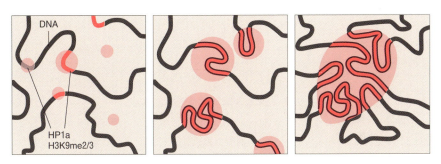

図2・4　**生物学的相分離によって凝縮していく染色体の構造**　　DNAがHP1aとヒストンH3とドロプレットを形成し，徐々にその領域が広がっていき，多くのDNAをドロプレットに取込んでいく．そのため，バルクの相とは異なった性質をもつ領域が形成される．
〔A. R. Strom *et al.*, 'Phase separation drives heterochromatin domain formation', *Nature*, **547**（**7662**）, 241-245（2017）より改変〕

　カリフォルニア大学サンフランシスコ校のGeeta Narlikarの研究チームは，ヒトのもつ3種類のHP1について試験管内での振舞いを調べている[7]．その結果，HP1αがリン酸化されているか，もしくはDNAが存在するときにドロプレットを形成することがわかった．HP1αは伸びたDNAとともにドロプレットを形成してDNAをコンパクトな構造へと変化させたのだ．

　両者の研究は異なる生物を対象にしたものだが，同じ結論が導かれている．HP1がコアになって形成するドロプレットに，DNAとヒストンとの複合体が"溶ける"

のだという．その結果，染色体がコンパクトな構造をとって不活性になるというのが結論だ．

このような発見をふまえると，いろんな想像ができるが，次のようなメカニズムになっているのではないかと考えられる．DNAがドロプレットをつくることで，そのドロプレットに親和性の高い分子であれば取込まれるし，親和性の低い分子は排除される．このドロプレットはさまざまな分子を排除するような性質があるため，転写の活性化に必要な転写因子やRNAポリメラーゼⅡなどがここに入り込めないのだろう．このような物理的な作用で遺伝子が不活性化されているのだ．

ヘテロクロマチンは温度感受性がきわめて高いことが1934年には報告されている[8]．わずかに温度を変化させることで，ヘテロクロマチンになる領域が変化するのだ．このような現象も，ドロプレットのようなタンパク質の溶液物性から考えると理解しやすくなる．構造をもったタンパク質同士の"結合"や，タンパク質とDNAとの"特異的な会合"であれば，温度依存性はほとんどない．仮に25℃で結合していたものが30℃で解離するというような温度感受性があるとは，まず考えられないからだ．しかし，液体のドロプレットやこのような集合体は温度に対する共同性も高く，たった1℃の差でも，氷が水になるように溶けてもおかしくはない[9]．このようなヘテロクロマチンの温度感受性が，たとえば植物の環境応答などにもいかされているのではないだろうか[10]．

2・3　エピジェネティックな修飾は溶解度を変えている？

先程述べた例のように，"ヒストンH3の9番目のリシンがメチル化されると，遺伝子の発現が抑制される"というような分子制御が広く知られている．このように，DNA塩基配列の変化によらない方法によって遺伝子の発現が制御される仕組みを**エピジェネティクス**（epigenetics）という．エピ（epi）とは"外の"，ジェネティクス（genetics）とは"遺伝子の"からなる造語である．エピジェネティクスが関わる化学修飾として，DNAのメチル化（–CH$_3$）やヒストンのメチル化やアセチル化（–COCH$_3$），リン酸化（–PO$_4^{2-}$）などが知られている．

ヒストンはDNAを巻きつける糸巻きのような働きがあるタンパク質で，メチル化やジメチル化，リン酸化，ユビキチン化などきわめて多様な化学修飾を受ける．これだけ多様な化学修飾を受けるのはなぜなのだろうか？化学修飾を受けることでタンパク質の溶解性や他の分子との相互作用のしやすさが変化するのは事実だ．その結果，ドロプレットを形成したりしなかったり，また，異なるタンパク質やDNAなどと異なる性質を帯びたドロプレットを形成したりして，遺伝子の発現が活性化されたり，抑制されたりするというふうに考えると納得がいくだろう．

エピジェネティックな修飾はたった原子数個の化学修飾に過ぎないが，多様な分子と関わり合いながら遺伝子の発現抑制のように巨視的な生命現象を制御している．たとえば，先述のHP1は，DNA二重鎖の切断を修復するRad51や，染色体の構造の安定化をするSmc5/6複合体，DNA結合タンパク質であるヒストンH3などとともに機能しているが[11]，こういう多面的な役割は，タンパク質とタンパク質やDNAとの1対1の相互作用から考える古典的な見方ではメカニズムが理解しにくい．しかし，タンパク質が化学修飾を受けることで，水やドロプレットへの溶解性が変化し，その結果，1対多や多対多の相互作用によるドロプレットの形成が制御されていると考えると，理解しやすいだろう．

このような報告が生物学的相分離の研究の初期から相次いでいた．たとえば，腎臓の沪過機能の維持に不可欠なタンパク質ネフリンや[12]，RNAポリメラーゼⅡのC末端ドメイン[13]，mTORC1のシグナル伝達に関わるタンパク質[14]，pre-mRNAスプライシングに関わるタンパク質[15]などはリン酸化がドロプレットの形成と溶解に関わっているということが，2012年から2014年頃，つまり，相分離生物学とよべる分野が萌芽する前夜にも少しずつ報告が続いていたのである．

ここまでをいったん整理すると次のようになる．タンパク質やDNAなどの生体分子は，互いに親和性のあるものはドロプレットを形成する．ドロプレットの形成のメカニズムは後述するが（§9・7参照），溶液科学の分野で古くから知られていた**液-液相分離**とよばれる現象に近いものだと考えられる．ドロプレットの界面には特に膜などはないため分子の出入りは自由だ．ドロプレットは流動性のある集合体なので，温度変化やpH変化などに敏感である．また，ドロプレットの主要な成分がそこに濃縮されるほか，ある分子との親和性が外部の溶液とは異なるので，その分子が濃縮されたり排除されたりもする．そのため，多様な機能の集合体として働くことができる．

2・4 転写因子がDNAの周りにたくさん集まるのはなぜなのか？

遺伝子の転写と生物学的相分離との関連について，さらに別の発見を追ってみたい．まず，一本鎖DNAと二本鎖DNAでドロプレットの形成の様子が異なるという興味深い発見がある[16]．Nuage顆粒や生殖顆粒は細胞内にあるドロプレットで，Ddx4（DEAD-box helicase 4）と名付けられた天然変性タンパク質がたくさん含まれていることが知られていた．DdX4はDEAD-boxとよばれるアスパラギン酸（D）・グルタミン酸（E）・アラニン（A）・アスパラギン酸（D）の並んだ領域をもち，ATPのエネルギーを利用してRNAの構造をほぐすヘリカーゼ活性をもつ．N末端側には構造をもたない天然変性領域がある．

オックスフォード大学のAndrew Baldwinらの研究チームは，Ddx4のDEAD-box

部分を除去し，代わりに黄色蛍光タンパク質（YFP）を結合させたタンパク質を培養細胞で発現させて顕微鏡で観察した[17]．その結果，Ddx4は細胞内で顆粒のような光が見え，ドロプレットを形成していることがわかった．興味深いことに，Ddx4は一本鎖DNAとドロプレットを形成するが，二本鎖DNAとは形成しないことが試験管内の実験で示されたのだ（図2・5）．おもしろい発見である．

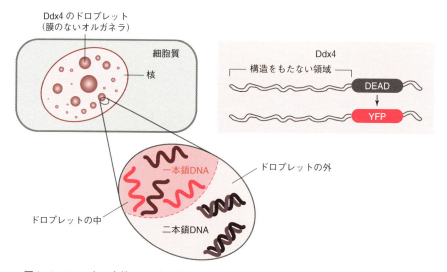

図2・5　**Ddx4と一本鎖DNAとの生物学的相分離のモデル**　Ddx4は一本鎖DNAとドロプレットを形成するが，二本鎖DNAとはドロプレットを形成しない．[T. J. Nott, 'Phase transition of a disordered nuage protein generates environmentally responsive membraneless organelles', *Mol. Cell*, **57**(5), 936–947 (2015) より改変]

生殖細胞内にたくさん発現しているDdx4がいったい何をしているのか，このドロプレットの性質の発見を基に想像すると次のようになる．生殖細胞のように遺伝子を活発に発現させる必要がある時期には，Ddx4がたくさん発現してDNAを一本鎖DNAへと開きながら遺伝子をアクティブな状態にしているのではないか．すなわち，あるタンパク質の濃度が，DNAの形状を変え，細胞の転写の活性に大規模に影響を及ぼすという状態変化がつくり出しているのかもしれない．

もう一つ，転写因子の生物学的相分離に関する別の報告を見てみたい．遺伝子の発現は，これまでの考え方に沿うと，DNAにはプロモーター領域やエンハンサー領域があり，転写因子が結合して，さらにアクチベーターやRNAポリメラーゼなどが結合して反応が進むという"分子と分子の会合"によって理解されてきた．しかし，ドロプレットをつくるという発見が相次いでいるので，これを含めた新しいメカニズム

2. 情報伝達と液-液相分離

を考えた方がいいのだろう．

カリフォルニア大学バークレー校のRobert Tjianらの研究チームは，遺伝子の発現に必要となるさまざまな転写因子に蛍光タンパク質を結合させて生きた細胞に発現させた[18]．転写因子の相互作用を，蛍光顕微鏡を用いる**格子光シートイメージング** (lattice light-sheet imaging) によって三次元的な動きを観察した．その結果，転写因子は互いに集まりドロプレットを形成することがわかった．転写因子とDNAとがドロプレットを形成する現象から，次のような転写活性のイメージを図に示すことができる（図2・6）．転写因子にはそもそもドロプレットを形成する働きがある．転写因子があまり集まっていないところでは転写活性も低いが，ドロプレットができるほど大きくなると転写活性が増加する．このような集合は，正電荷をもつポリマーと負電荷をもつポリマーがドロプレットを形成するのと同じ原理で成長するのだと考えられる（§9・7参照）．

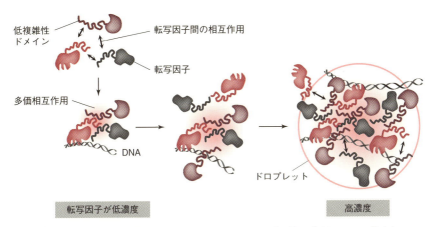

図2・6　転写因子が形成するドロプレット　転写因子が静電相互作用によって集合していきながら，転写活性の高い場をつくる．[S. Chong *et al.*, 'Imaging dynamic and selective low-complexity domain interactions that control gene transcription', *Science*, **361**(**6400**), pii: eaar2555 (2018) より改変]

従来の見方では，DNAにはタンパク質が結合する特別な配列の領域があり，そこにタンパク質が結合するというものだった．しかし，転写因子はDNAを認識する領域とともに，天然変性領域ももっており，この領域によってドロプレットを形成する．これら二つの働きをもっていたのである．§3・6や§5・2などでも出てくるように，"タンパク質は立体構造をもち，その構造に従って働く"という基本的な性質のほかに，"タンパク質はドロプレットをつくる"という最近の発見を組合わせ，そ

こに"ドロプレットの中は活性化されたり不活性化されたりする場になる"という機能の見方を重ねると，細胞内の仕組みがより理解しやすくなる．その好例が転写因子の生物学的相分離である．

　もう一つ，転写因子と生物学的相分離に関する別の報告を見てみたい[19]．コアクチベーターは，転写因子とRNAポリメラーゼIIとを橋渡しする巨大な複合体である．コアクチベーターを構成するおもなタンパク質であるBRD4とMED1はいずれもC末端側に長い天然変性領域をもっている．マサチューセッツ工科大学のRichard Youngらの研究チームは，これらのタンパク質を蛍光で光らせ，哺乳類の細胞内で発現させた．その結果，二つのタンパク質は生きた細胞内でドロプレットを形成することが蛍光顕微鏡によって観察できた．2種類のタンパク質の天然変性領域に蛍光タンパク質を結合させると，試験管内でもドロプレットを形成することがわかった．さらに，ATPを枯渇させるとドロプレットの流動性が低下することもわかった．エネルギーを利用してドロプレットの動的な状態を保っているのか，または，ATPがハイドロトロープとしてドロプレットの会合を緩めているのか，興味深い（§6・5参照）．

　このような研究を基に，Youngらは転写の様子を次のように描いている（図2・7）．典型的なエンハンサーは，DNAの結合部位に転写因子が結合し，そこにコアクチベーターが結合する．それをRNAポリメラーゼIIが認識して転写がスタートする．一方，スーパーエンハンサーはコアクチベーターが集まって形成されたドロプレットである．このドロプレットの周りに転写因子とDNAがくっつくようなイメージだ．

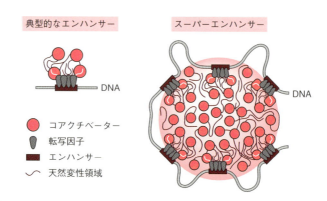

図2・7　転写因子とコアクチベーターによる遺伝子の活性化　典型的なエンハンサー（左）と，ドロプレットによって活性化されたエンハンサー（右）．[B. R. Sabari *et al.*, 'Coactivator condensation at super-enhancers links phase separation and gene control', *Science*, **361**(**6400**), pii: eaar3958 (2018) より改変]

転写因子はDNAの配列を厳密に認識する領域のほかに，天然変性領域をもっており，いずれもが集合体をつくるために重要な役割を担っていたのである．

このようなドロプレットが存在するならば，たとえば，DNAの配列上では遠くにある遺伝子が一挙に発現制御されるメカニズムもイメージしやすくなるだろう[20]．さらに，DNAの結合部位が一つしかないのに，そこに結合することがわかっているタンパク質がたくさん集まっている理由の説明にもなる．そして，このドロプレットが形成されると，RNAポリメラーゼⅡが近づきやすくなり，転写活性が増加するのである[21]．

細胞内のドロプレットの発見が続いているのは，ゲノミクスによって転写されているRNAを網羅的に調べるトランスクリプトームの技術革進とともに，顕微鏡の著しい進歩が不可欠だった．2014年にノーベル化学賞を受賞した超解像度で蛍光分子を見る **STED**（stimulated emission depletion）**顕微鏡**は，光学的な限界（アッベ限界）を超える100 nm以下の解像度で細胞内のタンパク質を可視化できるため，現在では細胞内のタンパク質のライブイメージには欠かせない役割を果たしている．先ほど登場した格子光シートイメージングも強力な蛍光顕微鏡の画像表示技術で，RNAポリメラーゼⅡが転写因子と細胞内でどのようなタイミングで共存するのか，三次元的にダイナミクスを可視化するために十分な時空間分解能をもっている[22]．

もう一つドロプレットの有力な観察ツールが，通称FRAP（fluorescence recovery after photobleaching）とよばれる**フォトブリーチング法**だ[23]．あるタンパク質に蛍光タンパク質を結合させて細胞内で発現させておく．そこに強い光を照射すると，その部分だけ光が退色する．その後，時間とともに蛍光分子が入替わることで光の回復プロセスを分析する方法で，細胞内の流動性を可視化する重要なツールになっている．これからタンパク質の計測法として期待されるのは，高解像度の顕微鏡ではなく，このようなライブイメージが可能なサブミクロン程度の大きさが観察できる装置である．

2・5 シグナル伝達は矢印で描くように情報の伝達をしているのか？

つづいてシグナル伝達と生物学的相分離について，自然免疫を活性化するサイクリックGMP-AMP合成酵素（cGAS）を追ってみたい．cGASは，GTPとATPを結合してサイクリックGMP-AMP（cGAMP）を合成する酵素である．cGAMPはセカンドメッセンジャーとして働き，外部から受けた情報に基づいて細胞内に応答を促す．cGASのN末端側は天然変性領域で，C末端側にはヌクレオチジルトランスフェラーゼ活性を示す立体構造をもった領域がある．いずれの末端も正電荷を帯びており，DNAと相互作用するという報告があった[24]．このような多点の静電相互作用があるということは，液-液相分離しやすいことを示唆するが，実際にテキサス大学サ

ウスウエスタンメディカルセンターのZhijian Chenの研究チームが実験でそれを証明している[25]．

ヒトのcGASを蛍光標識し，試験管内で100塩基対のDNAと混合すると，2分後には蛍光の斑点が観察された．蛍光を発するドロプレットが徐々に成長していき，60分後には数μmの大きさになった．興味深いことに，長いDNAほど液-液相分離させやすく，cGASの活性が何桁も高くなったのである（図2・8）．

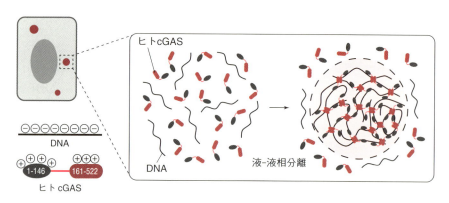

図2・8 ヒトcGASとDNAが形成するドロプレット　cGASは正電荷をもつ天然変性領域と活性のある領域をもっており，DNAとともにドロプレットを形成する．その結果，cGASの活性が増加する．[M. Du et al., 'DNA-induced liquid phase condensation of cGAS activates innate immune signaling', *Science*, **361**(**6403**), 704–709 (2018) より改変]

このような成果からもわかるように，細胞内の分子の応答は，タンパク質溶液の性質を考えることで理解が深まるように思う．細胞質に二本鎖のDNAがあると，細胞にとってはウイルスなどの感染が疑われる危険な状態だ．そのため，cGASはDNAとともにドロプレットを形成しやすい物性をもつように進化してきたのだろう．長いDNAの方がドロプレットを形成しやすいというのも，ポリイオンコンプレックスの物性で単純に説明できそうだ（§9・7参照）．そしてcGASのドロプレットは，基質との新和性が高いなどの溶解性で説明できるメカニズムが働いており（§5・2参照），その結果，cGAMPの合成効率も増加するのだろう．さらに，ドロプレットが大きくなるとcGASの翻訳が促進されるような別のメカニズムも隠されているかもしれない．こうして自然免疫がドロプレットを形成することで一挙に活性化するという見方は，理にかなっているように思う．

2・6　キナーゼはタンパク質の溶解性を変化させている？

シグナル伝達についてもう一つ，有糸分裂について紹介したい．DYRK3（二重特異

性チロシンリン酸化調節キナーゼ 3, dual specificity tyrosine-phosphorylation-regulated kinase 3) はリン酸化酵素（キナーゼ）の一種で，セリンやトレオニン，チロシンをリン酸化する働きがある．次節で登場するシグナル伝達に重要な役割を担う複合体 mTORC1 の負のレギュレーターであることも知られている[26]．DYRK3 は N 末端領域に低複雑性ドメインをもっており，液‐液相分離に関わっていることが示唆されていた．2013 年，チューリッヒ大学の Lucas Pelkmans らは，DYRK3 が P 顆粒を溶かす働きがあり，その結果，mTORC1 が活性化することを発見し[27]，液‐液相分離の制御因子としてキナーゼが重要な役割を担うのではないかと注目を集めた．

有糸分裂について簡単に整理すると，真核細胞の細胞分裂に伴い，染色体が複製されて二つの娘細胞に分かれる過程のことをいう．大きなイベントを整理すると，核の中で DNA が複製された後，染色体の形が形成されるとともに核膜がなくなり，両側に染色体が分かれるという過程がある．有糸分裂が終わるとともに核膜が再び形成されて核のなかに染色体がおさまる（図 2・9）．

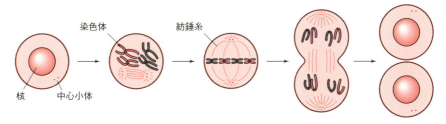

図 2・9　有糸分裂の仕組み

同じ Pelkmans らの研究チームは，2018 年，有糸分裂が始まると DYRK3 の濃度が増加し，DYRK3 が核スペックルやストレス顆粒などのドロプレットを溶解することを発見した[28]．核膜の消失とともに，このような"膜のないオルガネラ"をいったん溶解させ，均質な状態に変化させるわけである．そして有糸分裂が終わると DYRK3 が分解されて，再び膜のないオルガネラが形成されて，それぞれの働きを担うようになるのだという．

この成果を見ていると，シグナル伝達のメカニズムが大きく書き換わるのではないかと思えてくる．従来のシグナル伝達の見方では，あるキナーゼが別のキナーゼをリン酸化し，そのキナーゼが次のキナーゼをリン酸化し，といった点と点を線で結ぶような描かれ方をされてきた．しかしキナーゼは，ターゲットになるタンパク質をリン酸化することで，細胞内でのタンパク質の溶解性を変化させ，ドロプレットの形成能を大規模に制御しているのではないだろうか．

シグナル伝達は，細胞の外から情報を受取る受容体からスタートする．受容体が受取るものは，栄養素や光やイオンなどもあるし，多細胞生物が細胞間で情報をやり取りするホルモンなどのシグナル分子もある．2012年にノーベル化学賞を受賞したアドレナリン受容体も，その一種である．アドレナリン受容体はGタンパク質共役受容体（G protein-coupled receptor, GPCR）というファミリーに属しているが，ヒトはGPCRだけで800種類ももっている[29]．細胞がいかに多くの情報を外から得ているのかがわかるだろう．

受容体が外から情報を受取ると，セカンドメッセンジャーが細胞内に放出される．**セカンドメッセンジャー**とは，先ほど登場したcGAMPのほか，サイクリックAMP（cAMP）やサイクリックGMP，一酸化窒素，カルシウムイオン，ジアシルグリセロールなどの小さな分子が関係する．細胞質にセカンドメッセンジャーが増えると，リン酸化のカスケードが動いて，キナーゼが別のキナーゼをリン酸化し，さらにそのキナーゼが別のキナーゼがリン酸化するというように情報が流れると理解されてきた．最終的には核内にその情報が伝わり，ある遺伝子の転写が促進されたり抑制されたりする．

このような分子生物学の説明を聞くと，疑問がいろいろと起こらないだろうか？受容体は何百種類とあるのに，情報を受取った受容体はなぜ，cAMPの合成やカルシウムイオンの流入などの，ごく単純な仕組みに集約されるのだろうか？それは，おそらくだが細胞内のタンパク質やRNAなどの生体分子の溶解性に影響を及ぼしているのではないだろうか．その結果，たとえばあるドロプレットが形成されやすくなり，そこに含まれる酵素の連続反応が進むことで特定の反応が進行したり，またあるドロプレットが溶解することでそこに含まれるタンパク質やRNAや代謝産物などが放出されたりする，という働きにつながるのではないだろうか．

細胞内はカルシウムイオン濃度が10^{-7}程度と，きわめて低濃度に保たれているのが特徴である．細胞外からGPCRなどが刺激を受取るとカルシウムチャネルが開いて細胞内のカルシウム濃度が増加する．このような現象は，まさに液-液相分離との関連で理解されるべきものではないだろうか．すなわち，カルシウムなどのセカンドメッセンジャーは，細胞内にあるタンパク質やRNAのドロプレットの形成能を変化させ，その結果，あるキナーゼ群がまとまり一挙にリン酸化が進み，さらに溶液物性を変化させて次の働きを細胞全体にひき起こしている，というようなイメージである．

2・7　シグナル伝達のハブとなるタンパク質は何をしているのか？

シグナル伝達に関わる代表的なタンパク質ファミリーとして**mTOR**（mammalian

target of rapamycin; mechanistic target of rapamycin) がある．mTOR はもともと免疫抑制剤として使われるラパマイシンのターゲットとして発見された．mTOR は多くのシグナル伝達タンパク質と同様にリン酸化する働きをもっている．mTOR はさまざまなタンパク質と相互作用し，タンパク質合成やミトコンドリア機能，インスリンシグナル，オートファジーなど，さまざまな代謝に影響を及ぼすシグナル伝達の中心的な役割を担っているタンパク質だ[30]．

mTOR は，このような多芸な姿からも想像できるように，"複合体"のような1対1の相互作用を介してさまざまな役割を担うとは考えにくい．では，どうなっているのだろう？ mTOR ファミリーの mTORC1 について，シグナル伝達の見方を一変させるような壮大な仮説を一つ紹介したい[31]．この論文の題名に端的に表現されているように，"mTORC1 は混み合いをチューニングすることで細胞質の物理学的特性と相分離を制御している"というものだ．

GEMs (genetically encoded multimeric nanoparticles) はホモ多量体を形成する安定なタンパク質である．GEMs に蛍光タンパク質を結合させた粒子は，細胞内に導入しても悪影響を及ぼさないことが知られている．ニューヨーク大学の Christine Jacobs-Wagner らの研究チームは，出芽酵母とヒト細胞にこの蛍光標識した GEMs を発現させ，mTORC1 を活性化させたときの GEMs の動きを観察した．その結果，mTORC1 は細胞の体積や，リボソームの合成，オートファジーを通してリボソームの量をコントロールしていることがわかった．細胞質のリボソームの濃度が増加するほど，GEMs の動きが顕著に抑制されることがわかった．驚くべきことに，リボソーム濃度が増えると，細胞内と試験管内のいずれも，タンパク質がドロプレットを形成しやすくなったのである．

リボソームは，タンパク質を合成するという機能だけではなく，それ自身が周りの分子の溶解性に影響を及ぼしていたというのは興味深い．細胞内を混み合わせる環境にし（§9・10参照），ドロプレットを形成しやすい環境に変化させる結果，さまざまな"機能の区画化"ができやすくなる．このような働きによって，mTORC1 はシグナル伝達のハブとしての役割を担えるのではないだろうか．

追加すると，mTOR を阻害すれば，線虫からマウスまでさまざまな生物の寿命が伸びることが実証されてきている[32]．そのため，mTOR は老化との関連で古くから創薬ターゲットとして興味がもたれている[33]．このような老化の研究も，生物学的相分離のテーマを取込み新しい段階へと発展する可能性があるだろう．

2・8 多様な翻訳後修飾は溶解性を制御している？

翻訳後修飾とは，翻訳されたタンパク質が受ける化学修飾のことをいう．翻訳後修

飾は，先述した遺伝子発現に関わるエピジェネティックな修飾のほか，シグナル伝達や細胞内でのタンパク質輸送やタンパク質品質管理などさまざまな細胞内の生理現象に関わるとされる（図2・10）．具体的には，アルギニンやリシンのアセチル化や，セリンやトレオニンやチロシンのリン酸化は電荷の状態を変化させ，ジスルフィド結合やグルタミル化（グルタミン酸の共有結合）やラセミ化（異性化）は構造の

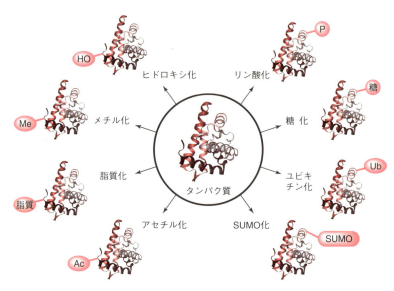

図2・10　細胞内に生じている多様な翻訳後修飾

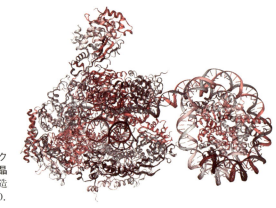

図2・11　ヒトRNA pol Ⅱとヌクレオソームとの結合のX線結晶構造解析像　タンパク質構造データバンク（PDB）ID: 6A5O.

状態を変化させる．ユビキチン化やSUMO化のようなタンパク質の共有結合や，アスパラギンやセリンなどに糖を結合するグリコシル化は比較的大きな分子を付与するものだ．このような翻訳後修飾は，いったい何をしているのだろうか？これまでは，化学修飾を受けると，ターゲットとなるタンパク質が認識できなくなったり，また新たに認識できるようになったりするなどの説明がなされてきた．そういう働きもあるだろうが，実はドロプレットの形成が制御されているのではないだろうか？

DNAからRNAへの転写にかかわるRNAポリメラーゼⅡ（PolⅡ）の最近の発見を見てみたい．ヒトのPolⅡは約12個ものサブユニットからなる巨大なタンパク質である（図2・11）．

PolⅡのRPB1サブユニットとよばれる部分のC末端側に，七つのアミノ酸が52回も繰返された長い領域がある．七つのうち五つがセリンとトレオニンであり，リン酸化を受けることができる．このドメインが過剰にリン酸化されると転写活性が現れることが知られていた（図2・12）．

図2・12 セリンのリン酸化　中性の側鎖が負電荷をもつようになる．

カリフォルニア大学のQiang Zhouらの研究チームは，この長い繰返し領域がドロプレットの形成に役立っていることを発見した[34]．PolⅡをリン酸化するキナーゼは正電荷をもったヒスチジンに富んだ領域をもっているので，PolⅡの長い繰返し領域がリン酸化（つまり負電荷の修飾）を受けると，静電相互作用によってドロプレットを形成しやすくなる．その結果，PolⅡはきわめて特殊な配列であるにもかかわらず繰返し配列部分がリン酸化される．すなわち，ドロプレットが反応を活性化させる場として働いているのだ．リン酸化された領域が長くなるほどドロプレットが安定になるのは，ポリマーの基礎研究で得られたポリイオンコンプレックスと同じメカニズムだと考えられる（§9・7参照）．

アルギニンは正電荷をもつアミノ酸の一種で，メチル化の修飾を受けることが知られている（図2・13）．酵母からヒトまで，生物は広くタンパク質アルギニンメチルトランスフェラーゼをもっており，DNAを巻きつけるヒストンや，転写因子，シグナル伝達にかかわるタンパク質などを構成するアルギニンをメチル化する．その結

果，DNA や RNA などの負電荷をもった高分子とのドロプレットの形成能が変化すると考えられる．

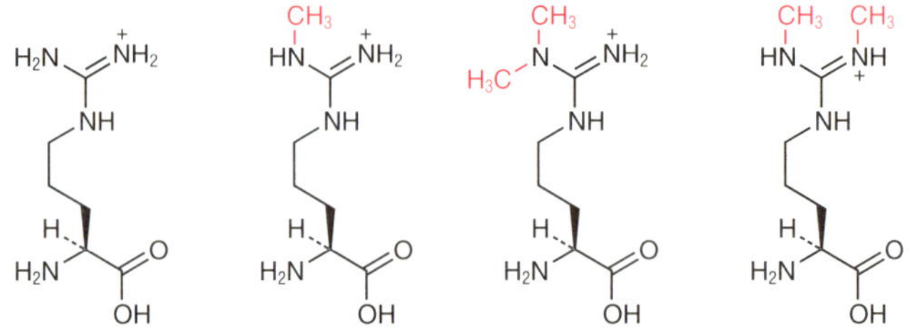

図 2・13　さまざまなメチル化を受けたアルギニン

　hnRNPA2 は mRNA の輸送にかかわる天然変性タンパク質で，本書の §3・6 や §6・4 にも登場するように生物学的相分離の研究で最初期から注目されてきたタンパク質である．hnRNPA2 の C 末端にある約 150 残基は天然変性領域であり，RNA と結合することが試験管内の実験で知られていた[35]．細胞内ではストレスグラニュールとよばれる膜のないオルガネラを形成することが明らかになっている[36]．

　ブラウン大学の Nicolas Fawzi の研究チームは，hnRNPA2 を構成するアミノ酸を別のアミノ酸に置き換えたり，別のタンパク質と混合したりするなどして，試験管内でどのような振舞いをするのか核磁気共鳴（NMR）法を用いて詳細に調べた[37]．その結果，このタンパク質のアルギニンがメチル化されると，タンパク質アルギニンメチルトランスフェラーゼ 1 とドロプレットを形成しなくなったのだ．翻訳後修飾はドロプレットの形成にも影響を及ぼすという具体的な結果である．

　また，hnRNPA2 の 290 番目のアスパラギン酸をバリンに置き換えたり，298 番目のプロリンをロイシンに置き換えたりするなど，β シート構造をつくりやすい変異体にすることで，ドロプレットではなく不溶性の凝集体を形成しやすくなることもわかった．このようなごくわずかな，たった 1 箇所のアミノ酸置換で，溶液状のドロプレットから不溶性の凝集体に変化することも興味深い結果である．

　翻訳後修飾の例として，ユビキチン化についてもふれておきたい．ユビキチンとは 76 アミノ酸残基からなる小さなタンパク質で，不要になったタンパク質に結合する"荷札"のような役割をもつ．UBQLN2 はユビキチンに似たドメインと低複雑性ドメインとをもったタンパク質で，2011 年に筋萎縮性側索硬化症の患者から発見された[38]．UBQLN2 は，プロテアソームによる不要なタンパク質の分解や，オートファジーによるオルガネラの分解，ストレス応答など，多様な細胞内の品質管理に関わる

ことが知られている．UBQLN2 は hnRNPA1 や TDP-43 など，本書にもしばしば登場する天然変性タンパク質と相互作用するという報告もある[39]．

シラキュース大学の Carlos Castaneda らの研究チームは，UBQLN2 が試験管内でドロプレットを形成することを報告している[40]．さらに，蛍光タンパク質を結合させた UBQLN2 を生きた細胞内に発現させて，微分干渉顕微鏡や蛍光顕微鏡で観察したところ，ストレス顆粒に局在していることがわかった．興味深いのは，試験管内でUBQLN2 にユビキチンを結合させるとドロプレットを形成しなかったことである（図 2・14）．

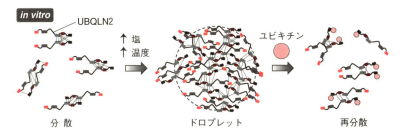

図 2・14 UBQLN2 によるドロプレットの形成と溶解 もともとドロプレットを形成しやすい天然変性タンパク質は，ユビキチン化されることで形成しなくなるという現象が発見されている．[T. P. Dao *et al*., 'Ubiquitin modulates liquid-liquid phase separation of UBQLN2 *via* disruption of multivalent interactions', *Mol. Cell*, **69**(6), 965-978 (2018) より]

この先は想像でしかないが，次のようなメカニズムが考えられるのではないだろうか．部分的に変性したタンパク質はドロプレットやもう少し硬い共凝集（§9・5参照）をひき起こしやすい．このような性質のドロプレットは他のドロプレットと物性が異なるため，シャペロン（§7・4参照）のようなタンパク質に認識されやすいのかもしれない．こうして UBQLN 関連タンパク質が活性化された場の中で一気にユビキチン化し，不要であるというタグをつけると同時に，タグがつくと物性が変化するためドロプレットが溶解する．放出されたタンパク質はいずれもユビキチン化されているので，それらがプロテアソームに取込まれて分解される，というストーリーだ．ユビキチン化反応の集積と，タンパク質の溶解性で，複雑な反応がすっきりと理解できるように思う．このような生物学的相分離と活性化・不活性化の生命現象としてよく理解されているものには後述する核内輸送受容体がある（§6・4参照）．

翻訳後修飾は，いずれも水溶液中での溶解性を大きく変化させるものが多い．すなわち，翻訳後修飾は 1 分子対 1 分子の強固な会合状態を変化させるケースもあるだろうが，弱い相互作用によって集まった 100 分子対 50 分子などのドロプレットの形成

のしやすさも変化させているのだ．この両方が組み合わさることで，細胞内の真の姿が理解できる．つまり，立体構造をもったタンパク質が相手となるタンパク質や基質などと安定な複合体をつくるというのは，研究しやすかったという理由で先行して発見されてきたのだと考えてよい．そして，リン酸化やメチル化などの翻訳後修飾は，質量分析装置やNMRなどの方法で検出されやすいために発見が先行したのである．このようなタンパク質ドグマの変遷は次章で追ってみたい．

第2章の参考文献

1. J. C. Venter, 'The sequence of the human genome', *Science*, **291**(**5507**), 1304-1351 (2001).
2. E. S. Lander *et al.*, 'Initial sequencing and analysis of the human genome', *Nature*, **409**(**6822**), 860-921 (2001).
3. International Human Genome Sequencing Consortium, 'Finishing the euchromatic sequence of the human genome', *Nature*, **431**(**7011**), 931-945 (2004).
4. P. R. Loh *et al.*, 'Compressive genomics', *Nat. Biotechnol*, **30**(**7**), 627-630 (2012).
5. I. Jungreis *et al.*, 'Nearly all new protein-coding predictions in the CHESS database are not protein-coding' (2018), https://doi.org/10.1101/360602.
6. A. R. Strom *et al.*, 'Phase separation drives heterochromatin domain formation', *Nature*, **547**(**7662**), 241-245 (2017).
7. A. G. Larson *et al.*, 'Liquid droplet formation by HP1α suggests a role for phase separation in heterochromatin', *Nature*, **547**(**7662**), 236-240 (2017), doi: 10.1038/Nature22822.
8. Klosin, A. *et al.*, 'A liquid reservoir for silent chromatin', *Nature* **547**, 168-170 (2017).
9. Y. Ohhashi *et al.*, 'Differences in prion strain conformations result from non-native interactions in a nucleus', *Nat. Chem. Biol.*, **6**(**3**), 225-230 (2010).
10. D. C. Baulcombe *et al.*, 'Epigenetic regulation in plant responses to the environment', *Cold Spring Harb. Perspect. Biol.*, **6**(**9**), a019471 (2014).
11. I. Chiolo *et al.*, 'Double-strand breaks in heterochromatin move outside of a dynamic HP1a domain to complete recombinational repair', *Cell*, **144**(**5**), 732-744 (2011).
12. P. Li *et al.*, 'Phase transitions in the assembly of multivalent signalling proteins', *Nature*, **483**(**7389**), 336-340 (2012).
13. I. Kwon *et al.*, 'Phosphorylation-regulated binding of RNA polymerase II to fibrous polymers of low-complexity domains', *Cell*, **155**(**5**), 1049-1060 (2013).
14. F. Wippich, 'Dual specificity kinase DYRK3 couples stress granule condensation/dissolution to mTORC1 signaling', *Cell*, **152**(**4**), 791-805 (2013).
15. I. Kwon *et al.*, 'Poly-dipeptides encoded by the C9orf72 repeats bind nucleoli, impede RNA biogenesis, and kill cells', *Science*, **345**(**6201**), 1139-1145 (2014).
16. M. Abdelhaleem, 'RNA helicases: regulators of differentiation', *Clin. Biochem.*, **38**(**6**), 499-503 (2005).
17. T. J. Nott, 'Phase transition of a disordered nuage protein generates environmentally responsive membraneless organelles', *Mol. Cell*, **57**(**5**), 936-947 (2015).
18. S. Chong *et al.*, 'Imaging dynamic and selective low-complexity domain interactions that control gene transcription', *Science*, **361**(**6400**), pii: eaar2555 (2018).
19. B. R. Sabari *et al.*, 'Coactivator condensation at super-enhancers links phase separation and gene control', *Science*, **361**(**6400**), pii: eaar3958 (2018).
20. D. Hnisz *et al.*, 'A Phase Separation Model for Transcriptional Control', *Cell*, **169**(**1**), 13-23 (2017).
21. W. K. Cho *et al.*, 'Mediator and RNA polymerase II clusters associate in transcription-dependent condensates', *Science*, **361**(**6400**), 412-415 (2018).

22. B. C. Chen et al., 'Lattice light-sheet microscopy: imaging molecules to embryos at high spatiotemporal resolution', *Science*, **346**(6208), 1257998 (2014).
23. C. De Los Santos et al., 'FRAP, FLIM, and FRET: Detection and analysis of cellular dynamics on a molecular scale using fluorescence microscopy', *Mol. Reprod. Dev.*, **82**(7-8), 587-604 (2015).
24. L. Andreeva et al., 'cGAS senses long and HMGB/TFAM-bound U-turn DNA by forming protein-DNA ladders', *Nature*, **549**(7672), 394-398 (2017).
25. M. Du et al., 'DNA-induced liquid phase condensation of cGAS activates innate immune signaling', *Science*, **361**(6403), 704-709 (2018).
26. Y. Sancak et al., 'PRAS40 is an insulin-regulated inhibitor of the mTORC1 protein kinase', *Mol Cell*, **25**(6), 903-915 (2007).
27. F. Wippich et al., 'Dual specificity kinase DYRK3 couples stress granule condensation/dissolution to mTORC1 signaling', *Cell*, **152**(4), 791-805 (2013).
28. A. K. Rai et al., 'Kinase-controlled phase transition of membraneless organelles in mitosis', *Nature*, **559**(7713), 211-216 (2018).
29. T. Flock et al., 'Universal allosteric mechanism for Gα activation by GPCRs', *Nature*, **524**(7564), 173-179 (2015).
30. V. Albert et al., 'mTOR signaling in cellular and organismal energetics', *Curr. Opin. Cell Biol.*, **33**, 55-66 (2015).
31. M. Delarue et al., 'mTORC1 Controls Phase Separation and the Biophysical Properties of the Cytoplasm by Tuning Crowding', *Cell*, **174**(2), 338-349.e20 (2018).
32. T. Vellai et al., 'Genetics: influence of TOR kinase on lifespan in C. elegans', *Nature*, **426**(6967), 620 (2003).
33. D. W. Lamming et al., 'Rapamycin-induced insulin resistance is mediated by mTORC2 loss and uncoupled from longevity', *Science*, **335**(6076), 1638-1643 (2012).
34. H. Lu et al., 'Phase-separation mechanism for C-terminal hyperphosphorylation of RNA polymerase II', *Nature*, **558**(7709), 318-323 (2018).
35. K. S. Hoek et al., 'hnRNPA2 selectively binds the cytoplasmic transport sequence of myelin basic protein mRNA', *Biochemistry*, **37**(19), 7021-7029 (1998).
36. S. Jain et al., 'ATPase-modulated stress granules contain a diverse proteome and substructure', *Cell*, **164**(3), 487-498 (2016).
37. V. H. Ryan et al., 'Mechanistic view of hnRNPA2 low-complexity domain structure, interactions, and phase separation altered by mutation and arginine methylation', *Mol. Cell.* **69**(3), 465-479.e7 (2018).
38. H. X. Deng et al., 'Mutations in UBQLN2 cause dominant X-linked juvenile and adult-onset ALS and ALS/dementia', *Nature*, **477**(7363), 211-215 (2011).
39. K. M. Gilpin et al., 'ALS-linked mutations in ubiquilin-2 or hnRNPA1 reduce interaction between ubiquilin-2 and hnRNPA1', *Hum. Mol. Genet.* **24**(9), 2565-2577 (2015).
40. T. P. Dao et al., 'Ubiquitin modulates liquid-liquid phase separation of UBQLN2 *via* disruption of multivalent interactions', *Mol. Cell*, **69**(6), 965-978 (2018).

3
タンパク質パラダイムの転換

　本章では，相分離生物学によって見えてきたタンパク質フォールディングと天然変性タンパク質の新しい姿について紹介したい．タンパク質は，固有の立体構造を形成して機能するのが基本的な姿だが，立体構造を形成しない領域をもつ"天然変性タンパク質"がかなりたくさんあることがわかってきた．そして2012年には，天然変性タンパク質がドロプレットを形成することが試験管内で再現された．タンパク質は固有の立体構造をもち，その構造に従って機能する．それとともに，タンパク質は固有の溶解性をもち，その性質に従ってドロプレットを形成する．この二つの原則に基づいてタンパク質を捉え直すと，生命現象が理解しやすくなる．

3・1　タンパク質の構造機能相関

　はじめに，タンパク質の基本的な性質について整理したい．遺伝情報にコードされた天然のアミノ酸は20種類ある．正電荷をもつリシンやアルギニン，負電荷をもつアスパラギン酸やグルタミン酸，親水性の性質があるセリンやトレオニンなどは，水になじみやすい性質がある．一方，疎水性の性質があるロイシンやイソロイシン，芳香族化合物であるトリプトファンやチロシンなどは，水になじみにくい性質がある．このようなさまざまな側鎖をもったアミノ酸がペプチド結合して1本のヒモのように連なったものがタンパク質である．

　アミノ酸の水へのなじみやすさや大きさ，正（プラス）と負（マイナス）の電荷の相互作用などの働きによって，タンパク質は固有の三次元的な立体構造を形成する（§9・1，§9・2参照）．タンパク質の固有の構造はネイティブ（天然）構造とよばれる．タンパク質の立体構造を機能と関連づける見方を，**構造機能相関**（structure-function relationship）という．たとえば，トリプシンとよばれるタンパク質の構造と機能を見てみよう（図3・1）．ウシ膵臓由来トリプシンは223個のアミノ酸が連なっ

てできた酵素の一種で，ペプチドを加水分解する働きがある．酵素とは化学反応を触媒する働きのあるタンパク質のことをいい，私たちの細胞内には，何千種類も酵素があり，それぞれの反応を触媒している（§5・1参照）．

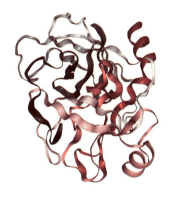

図3・1　ウシ膵臓由来トリプシンの立体構造
図に示しているのはペプチド主鎖である．トリプシンは三次元的に折りたたまれているのがわかる．PDB ID: 1SOQ.

タンパク質の全体の構造を足場にして，活性中心となる部位に触媒に必要なアミノ酸が並ぶ（図3・2）．これが基本的な酵素の構造である．トリプシンの活性中心にはセリン残基がある．このセリンの側鎖のヒドロキシ基が，基質となるペプチド主鎖の炭素原子を求核攻撃することで反応がスタートする．しかし，セリンだけではこのような反応は進まない．そのために，トリプシンは活性中心にアミノ酸を適切に配置することでセリン側鎖の求核性をもたせるために働いている．

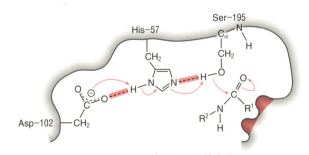

図3・2　トリプシンの活性中心

トリプシンの活性中心にはセリンのほか，ヒスチジンとアスパラギン酸がある．アスパラギン酸の負電荷がヒスチジンを介してセリンのヒドロキシ基の水素原子を引きつけ，ヒドロキシ基の水素原子の求核性を増加させているため，このヒドロキシ基が基質となるペプチド結合の炭素原子へと求核攻撃できるのだ．ヒスチジンやアスパラ

ギン酸が別のアミノ酸に置換されると活性が5桁も低下する．すなわち，セリンプロテアーゼの活性中心は"セリン・ヒスチジン・アスパラギン酸"の三つで一つの働きを担っていると考えていい．そのため，この三つの組合わせ残基を特別に**触媒三残基**（catalytic triad）とよぶこともある．

酵素に重要なもう一つの性質は，基質特異性である．酵素は基本的には特定の基質となる物質を認識し，特定の生産物を生産する．トリプシンの場合には，リシンやアルギニンなど正電荷をもつアミノ酸に対して基質特異性をもつ．これらのアミノ酸がちょうど入る基質結合ポケットをもつからだ．その結果，さまざまな形や大きさのあるアミノ酸のなかからリシンやアルギニンを特異的に認識し，そのアミノ酸のC末端側にあるペプチド結合を加水分解することが可能になる．

タンパク質は細胞の乾燥重量の半分ほどを占める主要な生体分子である．種類も豊富で，遺伝子を基に数えると，ヒトで約2万種類，大腸菌で約4000種類，最小の生物であるマイコプラズマで約500種類もある．マウス細胞内に発現している約5000種類のタンパク質を網羅的に調べたところ，タンパク質の寿命は平均で約46時間であるという実験的な結果が得られている[1]．寿命はタンパク質によって異なっており，数十分から数百時間の幅があった．あるタンパク質が一つの細胞内に含まれる数は，平均で約5万個，多いものは1000万個ほどになるものもあった．

細胞内では，タンパク質は局在化して機能している．エネルギー代謝や必要な分子をつくる酵素や，遺伝情報からの転写と翻訳とフォールディングの補助などは原核細胞にも真核細胞にもみられる．環境への応答のためのシグナル伝達や，不要になった生体分子の分解と品質管理，細胞増殖や老化や細胞死に関する機能などは，真核細胞の方が原核脂肪よりもよく発達している．

タンパク質は自発的にネイティブ構造を形成するというのが基本的な考え方である．この構造形成のプロセスを**フォールディング**（折りたたみ）という．**タンパク質フォールディング**（protein folding）は折り紙（paper folding）と語感が似ているが，両者は二つの意味で異なるとは，大阪大学蛋白質研究所の後藤祐児先生がよく用いる例えである．折り紙が人の手で折りたたまれるのに対して，タンパク質はひとりでにネイティブ構造を形成する．さらに，折り紙はいろんな形になるのに対して，タンパク質はペプチド配列によって決まった一つの構造しか取らないという違いがある．

3・2　タンパク質フォールディング

それでは，タンパク質のフォールディングの歴史に沿って，タンパク質の見方がどのように変わったのかを追っていきたい．タンパク質が自発的にフォールディングするという研究は，1920年代から30年代にかけてのAnsonとMirskeyによるミオグ

ロビンやヘモグロビンの状態と活性に関する先駆的な研究や，1954 年の Lumry と Eyring の著名な論文 "Conformation changes of proteins（タンパク質の構造変化）"にまでさかのぼれるが，決定打は 1957 年の Christian Anfinsen らの報告だった[2]．1 ページ半の論文に図が 1 枚だけ記載されている（図 3・3）．リボヌクレアーゼの 4 本のジスルフィド結合の一部を還元した試料や，逆に，還元したジスルフィド結合を再酸化させた試料を準備して酵素活性を調べたところ，ジスルフィド結合の数と酵素活性がきれいに相関することが示されている．タンパク質はネイティブ構造と変性構造の二つの構造を，可逆に取りうることを示唆する実にエレガントな実験であった．このようにタンパク質の構造を壊したあと，元に戻す過程を，"再び（re）" という意味の接頭語をつけ**リフォールディング**（refolding）という．このようなリフォールディング研究の一連の成果によって Anfinsen は 1972 年にノーベル化学賞を受賞した．

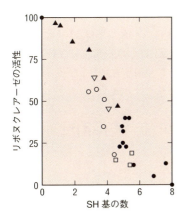

図 3・3 タンパク質のリフォールディング SH 残基の数に対するリボヌクレアーゼの活性．尿素の有無や還元や再酸化などさまざまな状態でのリボヌクレアーゼの活性は，SH 残基の数に線形の関係がある．すなわち，タンパク質構造を尿素溶液によって壊したり，尿素を取除いて構造を戻したりできることを意味する．[M. Sela *et al.*, 'Reductive cleavage of disulfide bridges in ribonuclease', *Science*, **125**(**3250**), 691-692（1957）より]

3・3 レビンタールのパラドックス

　タンパク質はどのようなプロセスを経て天然構造へとフォールディングするのだろうか？ これは現在もなお難しい問題として残されている．フォールディングの速度はタンパク質によってさまざまで，速いものではマイクロ秒で終わるものもあるし，数時間かかるものもある[3]．ロシア科学アカデミーの Alexei Finkelstein のたとえを借りると[4]，タンパク質フォールディングする速度は "蚊の寿命から宇宙の年齢ほども違う" のだ．不思議なものである．

　タンパク質のとりうる立体構造は天文学的な数の可能性があるが，そもそも数秒や数分でどのようにしてネイティブ構造を探し出せるのだろう？ 最初にこの問いかけ

をしたのは Cyrus Levinthal である．その原点となるのは 1969 年にイリノイ州モンティチェロで行われた，メスバウアー分光法に関するミーティングだとされるが，そこでの講演概要がウェブページに残されている[5]．次のような魅力的な問いかけが行われたようだ．

"150 個のアミノ酸からなるタンパク質は，ペプチド結合のとりうる角度が 10 通りだとしても，理論的には 10^{300} もの可能な構造がある．実際のタンパク質は数秒でフォールドするものもあるので，すべての可能な構造を経由しているとは考えられない．つまり，フォールディングは局所的な相互作用によって加速され，誘導されていると考えられる．つまり，相互作用を安定化する局所的なアミノ酸配列がフォールディングの核になるのだろう．"

これをレビンタールのパラドックスという．宇宙にある原子の数がおよそ 10^{80} 個だという見積もりと比較してもわかるとおり，タンパク質の構造の可能性として見積もられた 10^{300} とはとんでもなく大きな数である．これだけの数から唯一の構造を"探し出す"ということは，構造空間をランダムに探索しているのではないのだろう．Levinthal がすでに気づいていたように，局所的な相互作用によって形成される準安定な中間体が存在しており，チェックポイントのように中間体を経由しながら最終的にネイティブ構造へと至るのだと推測できる．こう考えなければ，実時間でフォールディングできないからだ．

当時は DNA の遺伝暗号表がようやく完成した時期に相当し，DNA に書かれてい

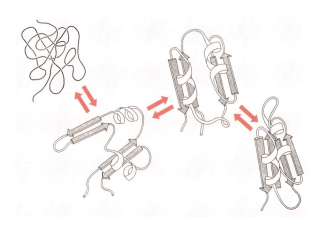

図 3・4　フォールディング中間体　タンパク質は階層的にフォールディングする．途中にはパッキングしないが二次構造が形成されているモルテン・グロビュールがあるとされていた［後藤祐児，高木俊夫，'誌上対談：モルテン・グロビュールをめぐって'，蛋白質 核酸 酵素，**37**(**4**), 772-780 (1992) より］．

る情報が，機能をもったタンパク質へと実体化するプロセスに興味がもたれていた頃であった．そのため，フォールディング経路のような幾何学的な考え方は，多くの研究者の興味を引いた．フォールディング中間体が探索のなかでもひときわ目を引いた成果が，**モルテン・グロビュール**（molten globule）の発見であった[6]．"溶けた球"という命名が状態をよく言い表しているように，二次構造を形成するが三次元的なパッキングが生じていない構造のことをいう（図3・4）．タンパク質がフォールディングするとき，まずこのモルテン・グロビュールを形成し，そしてネイティブ構造へと至るという見方だ．実際に α ラクトアルブミンやシトクロム c など，多くのタンパク質にはモルテン・グロビュールがあることが実験的に示されていった[7]．

タンパク質フォールディング中間体の研究が進められていく中で，中間体の存在しない小型のタンパク質[8]や，ネイティブ構造とはかけ離れた構造を形成しやすい β ラクトグロブリン[9]などが発見されてきた．そのため，タンパク質のフォールディングとは，途中にモルテン・グロビュールのような特別な中間体があると考える"経路"を中心とした説明ではうまくいかないことがわかってきた．経路の代わりに主流になっていったのが**ファネルモデル**である[10]（図3・5）．ファネル（funnel）とは漏斗を意味する．

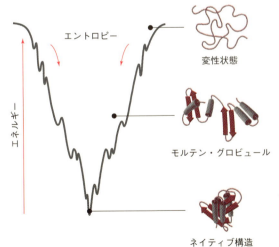

図3・5 ファネルモデル　タンパク質はネイティブ構造へと，谷に落ち込むようにフォールディングすると考えられている．

タンパク質のさまざまな構造に対してエネルギーを図示すると，ネイティブ構造が低い谷になっており，そこに向かって滑らかな地形を描くことができる．このファネ

ルに沿ってボールが転がり落ちるようにフォールディングする，というのがファネルモデルである．

タンパク質は，1分子の構造変化だけを考えるとファネルに沿ってフォールディングする．しかし，なぜこのようなファネルのようなエネルギー地形ができるのかについては説明が難しい．最近でも，タンパク質溶液化学の大御所 Arieh Ben-Naim が，"レビンタールの問題への再訪と解答"[11] と題した総説を報告したが，その後，20 もの論文で反論や矛盾を指摘されているのは好例だろう[12]．タンパク質の構造形成の原理は，まだわからないことが多いのだ．タンパク質の溶液中での振舞いは，物理学の法則によって成り立っているのは事実だろうが，それを理解する思考ツールを私たちはまだ手にしていないのかもしれない．最終章でふれるように，タンパク質を合理的にデザインすることは困難で，進化を応用するか（§10・1参照），コンピューターで第一原理計算の計算をするか（§10・4参照），いずれかの方法が主流になっている．

3・4 タンパク質の結晶構造

タンパク質フォールディングの研究は，タンパク質はどのように固有の立体構造を形成するのかというプロセスを明らかにするものであった．一方，タンパク質のネイティブ構造を明らかにする方法として，**X線結晶構造解析法**がある．この方法は，タンパク質の構造の研究にきわめて重要な役割を担ってきたものである．Emil Fischer が基質と酵素の関係を"鍵と鍵穴"にたとえたのが 1894 年，鍵穴に鍵がぴったり入るように，酵素の固有のカタチが基質のカタチに対応するという仮説だった．さらに，酵素反応を分析する**ミカエリス・メンテン式**が登場したのが 1913 年のことであった．酵素学がはじまったのは 1 世紀以上も前のことになる．そして，John

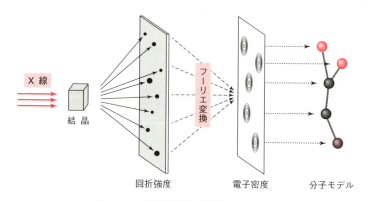

図 3・6　X線結晶構造解析法の概略図

Kendrewが世界ではじめてタンパク質のX線結晶構造を報告したのが1958年のことであった．

X線結晶構造解析法とは，結晶化したタンパク質にX線を照射し，回折強度から分子の電子密度を計算し，分子モデルを構築する方法のことをいう（図3・6）．結晶化して構造を明らかにするために，原子レベルの解像度が得られるという利点があるが，"結晶化する"ということが実験的に足かせになる．つまり，均一な構造をもたないタンパク質は結晶にはならないからだ．

当時はまだコンピューターも発達しておらず，強いX線源もない時代だったので，解像度は低かった．はじめて明らかにされたタンパク質の立体構造はマッコウクジラのミオグロビンのもので，6Å（0.6 nm）の分解能だった（図3・7）．この分解能では，天才Linus Paulingが予想したαヘリックス構造も見えなかった．James WatsonとFrancis CrickがDNA二重らせんモデルを提唱した4年後だから，生体分子には対称性があると予想されていた頃だ．論文の最後のパラグラフに，"最も著しい特徴は，複雑さと，対称性がないことだ"と述べているのが印象深い．

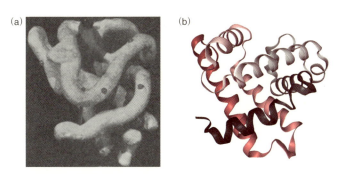

図3・7　ミオグロビンの立体構造　(a) 最初に明らかにされた立体構造［J. C. Kendrew *et al.*, 'A three-dimensional model of the myoglobin molecule obtained by X-ray analysis', *Nature*, **181**(410), 662-666 (1958) より］．(b) 高分解能での立体構造．最初に明らかにされたタンパク質の三次元的な立体構造はどこか不恰好で，特徴的な規則性は見られなかったが，実際にはαヘリックスに富んだ規則正しい構造がある．PDB ID：1VXA．

X線結晶構造解析法は，半世紀以上かけて進歩し続けてきた．何百何千ものタンパク質の立体構造が明らかにされ，タンパク質の構造から機能が説明できるようになった．いわゆるタンパク質の構造機能相関の研究である．1970年代には遺伝子組換え技術が誕生し，高純度のタンパク質を大量に得られるようになり，タンパク質のX線結晶構造解析も一気に進んだ．タンパク質構造データバンク（PDB）に収録されているタンパク質構造の数が10万を超えたのが2014年のことだった．同時に，リボ

ソームのような巨大タンパク質（1997年のノーベル化学賞）や，カリウムチャネルのような膜輸送タンパク質（2003年のノーベル化学賞），GPCRのような受容体（レセプター）として働くタンパク質（2012年のノーベル化学賞）などのタンパク質構造の研究がノーベル賞リストを席巻するようにもなっていった．

その結果，FischerやKendrewやAnfinsenが考えたタンパク質ドグマがより強化されることにもなった．つまり，タンパク質というものは，結晶化するほど均質な立体構造をもつものであり，その構造こそが機能と関係しており，ふらふらした領域は余分なのだという考えである．その結果，結晶化しにくい領域をあえて取除いたタンパク質の立体構造を詳細に眺め，細胞内での働きを考えてきたのである．

タンパク質の立体構造研究が頂点を極めた1980年代から1990年代にかけて，不規則なネイティブ構造に焦点を当てた研究が，わずかながらあった．たとえば，転写因子が構造をもたないという報告[13]や，カゼインは安定な三次元構造をもたないという報告[14]，タウタンパク質のC末端領域をさして天然変性（natively denatured）という言葉を用いた報告[15]など，天然変性タンパク質の姿がわずかに見えるような研究もあったが，構造をもたないタンパク質は見向きもされない時代だった．

3・5　天然変性タンパク質の発見へ

タンパク質の立体構造を測定するもう一つの方法に，NMR（核磁気共鳴）法がある．タンパク質を炭素や窒素の安定同位体で標識（ラベル）し，水溶液中での立体構造を明らかにする方法だ．この多次元NMR法を用いることで，小型のタンパク質の水溶液中の立体構造を明らかにすることが可能になり，結晶化しにくいタンパク質の立体構造の解析や，動的な状態を理解するための研究に用いられるようになってきた．

そこで明らかになってきたのは，固有の構造をもたない領域をもったタンパク質の存在である．このようなタンパク質を**天然変性タンパク質**（natively unfolded protein）という．天然変性タンパク質という表現は，よく見ると奇妙である．普通タンパク質は天然（native）状態では固有の立体構造をもつ（folded）からである．似た表現に本来的に不規則なタンパク質（intrinsically disordered protein）や本来的に構造をもたないタンパク質（intrinsically unstructured protein）などがある．日本語では"天然変性タンパク質"と表現されることが多い．

天然変性タンパク質の存在が広く認められるようになったのは，NMRを用いた構造生物学の第一人者であるPeter WrightとJane Dysonがまとめた総説"本質的に構造をもたないタンパク質：タンパク質構造機能パラダイムの再評価"になるだろ

う[16]．細胞内では構造をもっていないタンパク質がいくつか存在しているのだという，1999年当時では意外な指摘をしたものであった．

この総説が報告されてから立て続けに天然変性タンパク質に関する力のこもった総説が，Vladimir Uversky[17]やKeith Dunker[18]，Peter Tompa[19]らによって報告されていった．この分野から新たなタンパク質の世界が現れてくることを予感させるものだった．例外に光を当てることで新しい見方が生まれるのは，珍しいことではない．

天然変性タンパク質のイメージを掴むために，p53を例に見てみよう（図3・8）．p53は複数の遺伝子の発現制御に関わる転写因子である．がん化した細胞にはp53遺伝子の欠失や変異が認められることが多いため，盛んに研究されているタンパク質だ．p53は393アミノ酸残基からなるタンパク質で，N末端の93アミノ酸残基は固有の構造をもたない領域がある[20]．

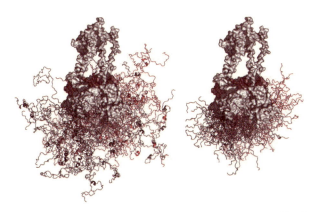

図3・8 天然変性タンパク質p53 p53のN末端ドメインとDNAとの複合体の構造モデルを示す．大部分がふらふらしている様子がわかる．左図は転写活性ドメインとプロリンリッチドメインの両方を示したもの．右図はプロリンリッチドメインだけを示したもの．
[M. Wells, 'Structure of tumor suppressor p53 and its intrinsically disordered N-terminal transactivation domain', *Proc. Natl. Acad. Sci. USA*, **105**(15), 5762–5767 (2008) より]

p53は，DNAの損傷や酸化，飢餓などさまざまなストレスから細胞を守り，がん化することを防ぐ働きがある．このような多様な働きからも予想できるとおり，細胞内ではさまざまなタンパク質と相互作用していることがわかっている[21]．p53もリン酸化やアセチル化，メチル化，ユビキチン化など多様な修飾を受ける．

古典的な見方では，タンパク質は固有の構造を形成し，その構造に基づいて働きを担う．たとえば，トリプシンはペプチドを加水分解するし，ミオグロビンは酸素を結合する，といったものだ．しかし，p53は"1タンパク質・1構造・1機能"には従

わない，"1領域・多構造・多機能"をもつタンパク質だったのである．このような特徴をもっているので，さまざまな情報伝達のハブとしての役割を担うことができるのだ．p53以外にも，多くの異なった相手と結合するために形を変化させることがNMRの研究で明らかにされてきた．

液-液相分離の現象が発見されるまで，天然変性タンパク質の典型的な会合は次のように理解されていた．Sic1は細胞周期を調節するタンパク質Cdc4の阻害剤として働く天然変性タンパク質である．Sic1がリン酸化されるとCdc4の阻害剤として働くのだが，"鍵と鍵穴"のように1対1で結合するのではなく，1対多の結合をするのが特徴である（図3・9）．Sic1には不規則な領域があり，そこにリン酸化される複数の残基がある．面白いことに，Cdc4がもっている一つの結合部位に対して，Sic1のリン酸化された複数の残基がつぎつぎに結合と解離を繰返すことで，両タンパク質の結合状態を保つという．このような動的な結合様式には利点もあるようだ．複数のリン酸化部位があると負電荷の数が変化するので，両タンパク質の間の静電相互作用も変化する．その結果，1対1の"鍵と鍵穴"に比べて1対多の相互作用は，結合状態と非結合状態を多段階に制御できるのだという．

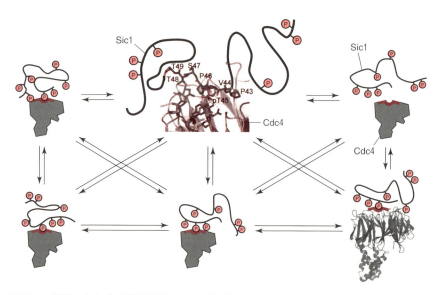

図3・9 構造をもたずに相互作用するタンパク質Sic1　天然変性タンパク質Sic1がCdc4というタンパク質と相互作用している．線で描かれたSic1には複数のリン酸化される部位（Pで表記）をもっており，灰色で描かれたCdc4の正電荷をもったポケットに動的に結合する．〔T. Mittag *et al.*, 'Dynamic equilibrium engagement of a polyvalent ligand with a single-site receptor', *Proc. Natl. Acad. Sci. USA*, **105**(**46**), 17772-17777 (2008) より改変〕

3・6 天然変性タンパク質は液-液相分離する

生命の謎はフォールディングの謎に集約されると考えられた1960年代. フォールディングの謎はモルテン・グロビュールの謎に集約されると考えられた1980年代. それから20年後の2000年代には天然変性タンパク質が発見され, タンパク質の新しいパラダイムが登場するという予感があった. そして本当の姿が見えてきたのは2012年のことだった. テキサス大学サウスウェスタン・メディカルセンターのMichael Rosenらの研究チームは, 天然変性タンパク質を2種類混合すると試験管内で液-液相分離するという論文を報告した[22]. この論文の書き出しは, 実に魅力的なものだ. "細胞はオングストローム (Å) からマイクロメートル (μm) のスケールで組織化されている. しかし, オングストロームの分子の特徴が, マイクロメートルのマクロな特徴に結びつくためのメカニズムはわかっていない."

実際に行った実験は, 天然変性タンパク質を混合するとマイクロメートルのサイズのドロプレットができた, というものである. 具体的には, シグナル伝達タンパク質に見られる繰返し部分, Srcホモロジー3 (SH3) ドメインと, プロリンリッチモチーフ (PRM) を混合した. その結果, SH3が四つ並んだタンパク質$SH3_4$と, PRMが四つ並んだタンパク質PRM_4とを混合すると, 溶液中できれいな球状をもつドロプレットが形成されたのである (図3・10). この球状は数分くらいのオーダーで融合するため, 確かに液-液相分離してできたドロプレットであることがわかる. さらに, 繰返し配列の数が増えるほどドロプレットが形成しやすいことも明らかにしている.

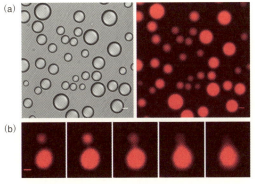
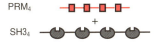

図3・10 繰返し配列による天然変性タンパク質のドロプレット形成 (a) 位相差顕微鏡像 (左) と蛍光顕微鏡像 (右). (b) ドロプレットが融合する様子. スケールバーは 10 μm. [P. Li *et al.*, 'Phase transitions in the assembly of multivalent signalling proteins', *Nature*, **483**(**7389**), 336-340 (2012) より].

このような単純な実験を，天然変性タンパク質が表沙汰にされてから10年以上もの間，なぜ誰もやってみようと思わなかったのだろうか？　面白いものだが，天然変性タンパク質やプリオン（第7章参照）の研究者に聞くと，誰もが同じように答える．2種類の天然変性タンパク質を混ぜると白濁し，光学顕微鏡で見ると数 μm ほどのドロプレットになってしまうが，このような状態にならないような実験条件を探して研究していたからなのである．白濁すると不均一な状態であると考えてしまい，NMRなどの分光学的な測定ができないと判断していたのである．ドロプレットが形成された段階で実験は失敗，やり直していたのだ．しかし，天然変性タンパク質がドロプレットを形成することが知られるようになってからは，超高解像度の巨大な計測装置の隣で，光学顕微鏡を覗いてみるようなことを誰もがやるようになった．

2012年は，もう一つ重要な研究が報告された年であった．第1章でもふれた Steven McKnight の研究チームによる RNA 結合タンパク質のゲル化の発見である[23]．RNA 顆粒には RNA 結合タンパク質があり，しばしば RNA に結合するドメインのほかに，繰返し配列が続く低複雑性ドメインをもっていることが知られていた．そこで，低複雑性ドメインをもった FUS（§6・3参照）や hnRNPA2 とよばれるタンパク質を精製し，試験管内で観察した．その結果，これらのタンパク質はアミロイドにみられる分子間での β シート（**クロス β**）構造を形成して集まり，やがてヒドロゲルになることがわかったアミロイドのクロス β と比較してドロプレットにみられるクロス β の方が短いのが特徴だ．FUS にはグリシン（G）やセリン（S），プロリン（P）など小型アミノ酸で挟まれた27個のチロシン（Y）からなる繰返し配列があるが，ここに変異を導入するとゲル化する能力が低下することがわかった．

天然変性タンパク質が細胞内にかなりの割合で存在していることを鑑みるなら，複数の天然変性タンパク質や RNA からなるドロプレットが存在してもまったくおかしくはない．むしろ存在しているはずである．このようなドロプレットが，タンパク質を安定化したり，機能を局所化したりし，状態や機能をオーガナイズしていると発想することも可能だ．このように，後から振り返ってみると，なぜそこに気づかなかったのかと誰もが思っているのが現状だ．

こうして天然変性タンパク質とドロプレットとの関連がリンクしはじめた2015年，天然変性タンパク質の研究者である Vladimir Uversky が，"Intrinsically disordered proteins as crucial constituents of cellular aqueous two phase systems and coacervates（細胞の溶液二相系とコアセルベートの決定的な成分としての天然変性タンパク質）"と題した総説を報告した[24]．この総説には，細胞質にあるストレス顆粒や生殖顆粒，核内にある核小体やカハール体など，20数種類の膜のないオルガネラ（細胞内のドロプレット）がリストアップされており，網羅的な研究によって明らかになっている

膜のないオルガネラの組成が整理されている．この大きな一覧表を見ると，やはり天然変性タンパク質が多く含まれているのがわかる．

　天然変性タンパク質は，先述したp53やSic1などのように詳細な働きが分析されてきたものもあるが，実際には機能が不明なものも多かった．液－液相分離するだけなら，"結合"とよべるほど強くないため，従来の測定では観察できなかったからだろう．

　ドロプレットの形成は，固体が析出するような固－液相分離ではなく，水と氷のような相転移でもなく，もっと柔らかく動的である．だからこそ，ドロプレットはわずかなpHの変化やイオン強度や温度の変化，代謝産物である低分子化合物の濃度の差などでも形成したり溶融したりできるのだ（図3・11）．実際に，天然変性領域はランダム配列よりも高次構造を形成しないことが知られている[25]．単純な繰返し配列は，生物が進化する過程で生物学的相分離をコントロールするためにわざわざつくり出してきたものなのだろう．

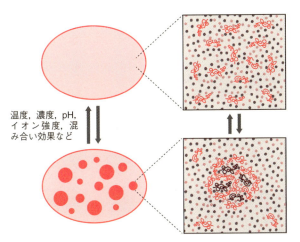

図3・11　天然変性タンパク質と生物学的相分離のイメージ　細胞内の生体分子が不均一になるのは構造をもたないタンパク質が関わっているからだろう［V. N. Uversky, 'Intrinsically disordered proteins in overcrowded milieu: membrane-less organelles, phase separation, and intrinsic disorder', *Curr. Opin. Struct. Biol.*, **44**, 18-30 (2017) より改変］

　天然変性タンパク質は，生物種や機能によって存在に偏りがある．まず生物種から見てみると，真核生物に多いという特徴がある．David Jonesらが立体構造予測プログラムを用いて調べた著名な論文によると，30残基以上の不規則な領域のある天然変性タンパク質の割合は，真正細菌では4.2%，古細菌（アーキア）では2.0%である

のに対して，真核生物では実に33％にも及ぶ[26]．天然変性タンパク質は，真核生物にとってはありふれたタンパク質なのである．

　タンパク質の種類を比較してみると，転写因子やリン酸化酵素，核酸結合タンパク質，RNAポリメラーゼなどが天然変性タンパク質であるものが多い．これらは遺伝情報の転写・翻訳や細胞内シグナル伝達などの情報の伝達に関わるタンパク質である．一方，酵素には天然変性タンパク質はほとんどないことがわかる．

　このようなデータから想像すると，天然変性タンパク質は生物進化とも関係しているのかもしれない．もともとのタンパク質は，固有の構造を形成し，その構造に基づいた働きを担っていた．タンパク質の構造機能相関の考えどおりである．そして，真核生物へと複雑化するために，遺伝情報や細胞内シグナル伝達を精密に制御できるタンパク質や，情報の流れを集約するタンパク質が必要になってきた．そこで天然変性タンパク質が真核細胞に発達してきたのだろう．

　タンパク質は固有の構造をもち，その構造に基づいて働きを担うのは一面で事実だが，構造をもたない天然変性領域も他の分子と必ず相互作用して働いているのもまた事実である．タンパク質は高次構造を形成していても形成していなくても相手と相互作用する，これがタンパク質の真の姿である．そして1分子と1分子の相互作用ではなく1分子と多分子や多種類の多分子が集まった状態が，生体内での酵素機能（第5章参照）や疾患（第6章参照）を理解するために重要な見方になっていく．

第3章の参考文献

1. B. Schwanhäusser et al., 'Global quantification of mammalian gene expression control', *Nature*, **473**(**7347**), 337-342 (2011).
2. M. Sela et al., 'Reductive cleavage of disulfide bridges in ribonuclease', *Science*, **125**(**3250**), 691-692 (1957).
3. J. Kubelka et al., 'The protein folding 'speed limit'', *Curr. Opin. Struct. Biol.*, **14**(**1**), 76-88 (2004).
4. A. V. Finkelstein, '50+ years of protein folding', *Biochemistry (Moscow)*, **83**(**1**), S3-S18 (2018).
5. https://web.archive.org/web/20110523080407/http://www-miller.ch.cam.ac.uk/levinthal/levinthal.html
6. M. Arai et al., 'Role of the molten globule state in protein folding', *Adv. Protein Chem.*, **53**, 209-282 (2000).
7. M. Ohgushi et al., ''Molten-globule state': a compact form of globular proteins with mobile side-chains', *FEBS Lett.*, **164**(**1**), 21-24 (1983).
8. S. E. Jackson, 'How do small single-domain proteins fold?', *Fold. Des.*, **3**(**4**), R81-R91 (1998).
9. K. Shiraki et al., 'Trifluoroethanol-induced stabilization of the alpha-helical structure of beta-lactoglobulin: implication for non-hierarchical protein folding', *J. Mol. Biol.*, **245**(**2**), 180-194 (1995).
10. J. D. Bryngelson et al., 'Funnels, pathways, and the energy landscape of protein folding: a synthesis', *Proteins*, **21**(**3**), 167-195 (1995).
11. A. Ben-Naim, 'Levinthal's question revisited, and answered', *J. Biomol. Struct. Dyn.*, **30**(**1**), 113-124 (2012).
12. https://www.ncbi.nlm.nih.gov/pubmed/23297833

13. P. B. Sigler, 'Transcriptional activation. Acid blobs and negative noodles', *Nature*, **333**(**6170**), 210-212 (1988).
14. C. Holt, 'Primary and predicted secondary structures of the caseins in relation to their biological functions', *Protein Eng.*, **2**(4), 251-259 (1988).
15. O. Schweers, 'Structural studies of tau protein and Alzheimer paired helical filaments show no evidence for beta-structure', *J. Biol. Chem.*, **269**(**39**), 24290-24297 (1994).
16. P. E. Wright, 'Dyson HJ. Intrinsically unstructured proteins: re-assessing the protein structure-function paradigm', *J. Mol. Biol.*, **293**(2), 321-331 (1999).
17. V. N. Uversky *et al.*, 'Why are "natively unfolded" proteins unstructured under physiologic conditions?', *Proteins*, **41**(3), 415-427 (2000).
18. A. K. Dunker *et al.*, 'Intrinsically disordered protein', *J. Mol. Graph. Model.*, **19**(1), 26-59 (2001).
19. P. Tompa, 'Intrinsically unstructured proteins', *Trends Biochem. Sci.*, **27**(**10**), 527-533 (2002).
20. M. Wells, 'Structure of tumor suppressor p53 and its intrinsically disordered N-terminal transactivation domain', *Proc. Natl. Acad. Sci. USA*, **105**(**15**), 5762-5767 (2008).
21. J. P. Kruse *et al.*, 'Modes of p53 regulation', *Cell*, **137**(4), 609-622 (2009).
22. P. Li *et al.*, 'Phase transitions in the assembly of multivalent signalling proteins', *Nature*, **483**(**7389**), 336-340 (2012).
23. M. Kato, 'Cell-free formation of RNA granules: low complexity sequence domains form dynamic fibers within hydrogels', *Cell*, **149**(4), 753-767 (2012).
24. V. N. Uversky *et al.*, 'Intrinsically disordered proteins as crucial constituents of cellular aqueous two phase systems and coacervates', *FEBS Lett.*, **589**(1), 15-22 (2015).
25. J. F. Yu *et al.*, 'Natural protein sequences are more intrinsically disordered than random sequences', *Cell Mol. Life Sci.*, **73**(**15**), 2949-2957 (2016).
26. J. J. Ward *et al.*, 'Prediction and functional analysis of native disorder in proteins from the three kingdoms of life', *J. Mol. Biol.*, **337**(3), 635-645 (2004).

4
RNA パラダイムの転換

　RNA は多様な分子がある．遺伝情報が DNA から転写された mRNA や，アミノ酸とコドンとを対応づける tRNA，リボソームの活性中心を形成する rRNA など，まずセントラルドグマに関する RNA の理解が深まった．2000 年以降になると，もっと多様な RNA が細胞内で働いている様子がわかってきた．小さくて RNA 干渉に働く siRNA や，長いが遺伝子をコードしないと考えられる lncRNA，環状構造をもつ circRNA なども発見されてきた．そして最近では，RNA と RNA 結合タンパク質による生物学的相分離の発見が相次いでいる．RNA は天然変性タンパク質とともに，細胞内のさまざまな働きの区画化やストレスへの応答，トランスクリプトームの一時的な保存などに働いていることが理解されつつある．

4・1　多様な RNA の姿

　RNA（リボ核酸）はリボヌクレオチドがホスホジエステル結合でつながった高分

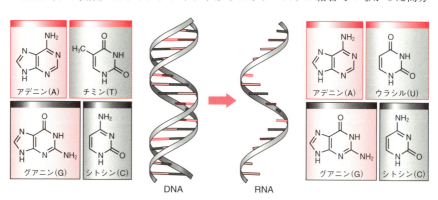

図 4・1　RNA と DNA の構造

子である（図4・1）．構造を細かく見ると，RNAは糖質からなるリボースと，リン酸，塩基の三つの領域からなる．DNAとRNAの構造はかなり類似している．違いは糖質の構造で，RNAはリボースであるのに対して，DNAはヒドロキシ基の一つが水素に置き換わったデオキシリボースである．DNAとRNAは役割が大きく異なっている．真核細胞の場合，DNAは核内にあり，遺伝情報を保存するデータベースとしての役目を担っているのに対して，RNAは生命現象のさまざまな場面に登場する．

古くから知られているRNAの役割としては，遺伝情報が転写されたメッセンジャーRNA（mRNA）があり，アミノ酸とコドンとを対応づける転移RNA（tRNA）や，タンパク質合成装置であるリボソームを構成するリボソームRNA（rRNA）がある．これらはDNAからの転写や翻訳というセントラルドグマに関わる働きをもったRNAである．しかし，それ以外のRNAの世界はかなり多様で複雑である．

RNAの新世界を産み出したのは，2006年のノーベル生理学・医学賞にもなった**RNA干渉**である．Andrew FireとCraig Melloらの研究チームは，mRNAのセンス鎖とアンチセンス鎖の混合RNAを線虫に導入すると，遺伝子の発現が明らかに抑制されることを1998年に報告した[1]．その後，二本鎖RNAを切断する酵素ダイサーの存在が2001年に発見され[2]，二本鎖RNAの形成によってmRNAのタンパク質への翻訳が制御されるというメカニズムがあると考えられた．このようなRNAレベルでの翻訳制御をRNA干渉という．

細胞内では，DNAからmRNAへと転写され，タンパク質へと翻訳されるだけではなく，RNA干渉をするために働く多くのsiRNA（small interfering RNA）が合成されている．そして，siRNAはmRNAに結合することで，タンパク質への翻訳を抑制しているのである．このような短いRNAが細胞内にたくさんあることがわかってきており，これをマイクロRNA（miRNA）ということもある[3]．miRNAは21塩基から25塩基の長さをもつ一本鎖RNAで，ターゲットになるmRNAと部分的に結合することでmRNAからタンパク質への翻訳を抑制する．RNA干渉の仕組みが明らかになってきた2000年からの10年間はmiRNAに関する研究が盛んに行われており，この時代でRNAの新しい世界が一挙に広がることになった．

RNAの世界は，研究が進むほど複雑であることがわかってきた．RNAのイントロンの発見者の一人であるPhillip Sharpらは，"RNAスポンジ"と名付けたメカニズムを2007年に報告している[4]．その名の通りこのRNAは，miRNAを吸い込むスポンジとして働く．つまり，miRNAは，mRNAからの翻訳を制御しているが，同時に別のRNAによって制御を受けているのである．

RNAスポンジとは，miRNAと相補的なRNAがmiRNAを吸着させ，転写後の翻

訳の抑制を解除する仕組みのことをいう．この働きをする RNA として巨大な環状の RNA（circRNA）の存在がバイオインフォマティクスによって予想されていた[5]．その後，実際の circRNA が異なる研究チームによって同時期に発見され，2013 年の Nature 誌に 2 本の論文が並んで報告された[6],[7]．環状をした RNA という形はこれまで研究者が想定していなかったものであり，驚きをもって迎えられた．そもそも RNA の配列を分析する RNA シークエンシンサーは，線状の RNA を前提とした仕組みをもつため，環状 RNA は長年見過ごされてきたのであった．科学者の常識や感覚は信頼に足るものだが，科学にはこのようにときどき驚くような落とし穴がある．

　mRNA からタンパク質への翻訳は，ただ mRNA に従って進むというものではない．まず miRNA によって抑制され，さらに miRNA を制御するさまざまな仕組みによって抑制されているのだ[8]．多重多層の制御の仕組みがあるというのが，新しい RNA ワールドである[9]．

　遺伝子の発現は，セントラルドグマを提唱した Francis Crick が考えたほど単純ではなかった．DNA から RNA へ，RNA からタンパク質へと情報が一方向に流れるだけでなく，RNA と RNA の相互作用によって翻訳レベルで複雑に制御されている．さらには次に説明するように，RNA とタンパク質によるドロプレットによっても制御されているのである．

4・2　局在する RNA

　生体分子は細胞内にランダムに散らばっているのではなく，必要なところに集まっている．このような分子の局在こそが生きた状態の特徴であるとすれば，RNA も例外ではない．mRNA の局在の研究をさかのぼってみると，1997 年に出版されたショウジョウバエの胚にあるモルフォゲンの論文にたどり着く[10]．モルフォゲンとは胚の発生を非対称に進める働きのあるタンパク質で，胚の片側に偏って存在していることが知られていたが，実は mRNA のレベルでも偏っていることが 20 年前には発見されていたのである．

　mRNA の局在は大腸菌からヒトにまで広く見られる普遍的な現象である[11]．ショウジョウバエの胚に発現する mRNA を網羅的に調べた研究によると，3370 個の遺伝子のうち，実に mRNA の 71％ が特定の場所にあるのだという[12]．細胞内ではタンパク質が必要な場所でそれぞれの働きを担っているが，そもそもタンパク質になる前の mRNA のレベルで，その場所に運ばれているのが本来の姿のようだ．細胞内に mRNA のレベルで局在させておく仕組みがあれば，タンパク質の機能が不要なときには mRNA のままストックしておき，機能が必要になったタイミングでタンパク質を合成できるなどの制御がしやすいという利点がある．

このような RNA の局在化が明らかになってきた背景には，単一分子の RNA を可視化する計測技術の著しい進展が関係する．**FISH**（fluorescence *in situ* hybridization）法は蛍光で標識（ラベル）した短いヌクレオチドを，ターゲットとなる RNA や DNA とハイブリダイゼーションすることで光らせる方法である．細胞内の *in situ*（本来あるその場）で観察できることが特徴だ．なかでも 1 分子での観察が 1998 年に実現し[13]，特に single molecule の略号が付けられた smFISH 法が細胞内の RNA の観察に欠かせないツールになっている．S/N 比をあげるために複数の蛍光プローブを結合させる技術や，IDL（interactive data language）などの画像処理に強い分析用プログラムを利用するデータ処理の技術も進歩しており，ヒトの脳細胞に発現している全 RNA の可視化や[14]，細胞の間での遺伝子の発現パターンの比較[15]などさまざまな研究に用いられている．"Imaging mRNA *in vivo*, from birth to death" という総説が書かれているように[16]，合成直後から分解されるすべての時期に存在する RNA のライブイメージングが実現している．

タンパク質と mRNA の局在についてもう一つ紹介したい発見がある．線虫の P 顆粒は細胞内にあるドロプレットの一種で，発生初期の胚の片側に集まることで細胞の極性が決まることが古くから知られていた（§8・1 参照）．この P 顆粒の濃度勾配の原因は，RNA 結合タンパク質の濃度勾配に関係しているという報告がある[17]．PGL-3 という RNA 結合タンパク質は，mRNA と結合して P 顆粒を形成する．しかし，ここに MEX-5 という RNA 結合タンパク質を加えるとドロプレットの形成が阻害されるのだ（図 4・2）．すなわち，MEX-5 の濃度勾配が P 顆粒の形成条件を決め，それが mRNA の局在にも関係していたのである．細胞に非対称性が生まれていくプロセスが，このような溶液の物理学によって説明できるのは興味深い．

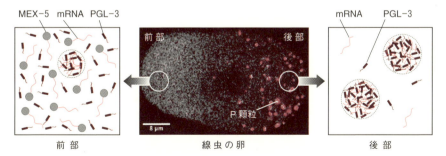

図 4・2　mRNA の局在　線虫の卵にある P 顆粒には mRNA が含まれているが，MEX-5 という RNA 結合タンパク質が高濃度あると P 顆粒は溶けてしまう．[S. Saha *et al.*, 'Polar positioning of phase-separated liquid compartments in cells regulated by an mRNA competition mechanism', *Cell*, **166**(**6**), 1572-1584（2016）より改変]

4・3 ストレス顆粒

ストレス顆粒は，加熱や低酸素などの環境からのストレスに応答し，細胞質に一時的に形成されるドロプレットの一種である．構成成分は翻訳開始因子や40Sリボソームサブユニットなどの翻訳装置のほか，ポリアデニル化されたmRNAやRNA結合タンパク質などが含まれる[18]．通常の状況で翻訳されていたmRNAを一時的に不活性にし，環境からのストレスがなくなったとき元の細胞の状態に速やかに戻す働きがあると考えられている．

ストレス顆粒に取込まれるということは，mRNAレベルで不活性化されるということである．つまり，加熱などのストレスによってmRNAはストレス顆粒を形成して不活性化し，物理的にも安定化される．そして，ストレスがなくなればストレス顆粒が融解して速やかに元の状態に戻る．このようなストレスへの応答のためにストレス顆粒は働いているのである．興味深いことに，すべてのRNAがストレス顆粒を形成するのではなく，特異的に排除されるRNAもあることがわかってきている[19]．小胞体の品質管理に関わるカルネキシンをコードするCANXや[20]，熱ショックタンパク質をコードするHSP70やHSP90[21]などは，排除されるのだ．このようなタンパク質はストレスが存在する状況でこそ働く必要があるため，mRNAレベルでストレス顆粒を構成しないような配列や構造をとるように進化してきたのかもしれない．

ストレス顆粒の形成の前にeIF2（eukaryotic initiation factor 2）などが働いて翻訳を阻害し[22]，その後，mRNAがストレス顆粒を形成する．ストレス顆粒の形成に必要なタンパク質としてG3BP1（ras-GTPase-activating protein SH3 domain-binding protein 1）とG3BP2がある．これらのタンパク質の一方をノックアウトするとストレス顆粒が形成されにくくなり，両方をノックアウトすると完全に形成が阻害される[23]．このように，翻訳の停止からストレス顆粒を形成する分子的なメカニズムがあるようだ．

興味深いのは，このような分子から見た生物学の背後に見えてきているタンパク質の溶液物性との関連である．G3BP1はリン酸化[24]のほかに，メチル化[25]や，アセチル化[26]，リボシル化[27]など，実に多様な翻訳後修飾を受けることが知られている．このような化学修飾によって溶解性が変化し，その結果，ドロプレットの形成が多様に制御されている可能性がある．こうしてわずかな化学修飾による変化が高次の生命現象にリンクするという見方は魅力的である．

ストレス顆粒にあるmRNAは翻訳されないため，顆粒の形成によって遺伝子の発現が抑制され，顆粒が溶融すれば遺伝子が発現する．とてもわかりやすい制御が特定の天然変性タンパク質の溶液物性によって行われているのだ．ショウジョウバエの生殖細胞でも類似した報告があり，長いmRNAの間にあるランダムな塩基対の形成が

足場になって生殖顆粒が形成されているようだ[28]．つまり，mRNA 自身が他の RNA やタンパク質とともに自らの遺伝情報の発現制御を行なっているのである．

また，プロセシング体も翻訳を抑制する働きのあるドロプレットで，ストレスによって数や大きさが増加することが知られている．ストレスがなくなると mRNA が放出されて，翻訳が再び開始される[29]．

最近の FRAP やトランスクリプトームの技術によってわかってきた事実として，プロセシング体は多くの mRNA を保存する働きをもつということである．パリ第 6 大学の Dominique Weil らの研究チームが調べたところ，ヒトの培養細胞の細胞質にある mRNA の実に 3 分の 1 がプロセシング体を形成するという[30]．つまり多くの mRNA は，ドロプレットを構成する普遍的な成分になりうるということである．プロセシング体にはさまざまな種類の RNA 結合タンパク質が特異的に局在する．約 100 種類のタンパク質と何千種類もの RNA が多価の結合を介してネットワーク構造を形成しているのがプロセシング体の平均的な構造である．

4・4　RNA の足場

ストレス顆粒やプロセシング体は RNA と RNA 結合タンパク質をおもな組成としたドロプレットである．RNA はグアニン（G）・シトシン（C）・アデニン（A）・ウラシル（U）の四つの塩基が並んだ構造をもつが，この配列に依存して相分離のしやすさが異なるという報告が増えている．RNA を足場にしたドロプレットは，かなり精密に制御されているようだ．

RNA は DNA と同じように，G と C，および A と U が特異的に相補対を形成する．RNA は分子内に部分的に相補対を形成すると，いわゆる二次構造になるが，分子間

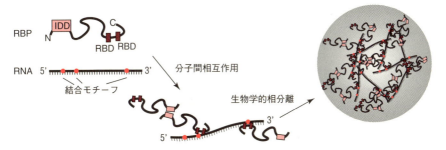

図 4・3　RNA と天然変性タンパク質による足場のモデル　RNA と RNA 結合ドメイン（RBD）や天然変性ドメイン（IDD）同士が互いに結合して足場をつくり，ネットワークができる．［E. M. Langdon *et al.*, 'A new lens for RNA localization: liquid-liquid phase separation', *Annu. Rev. Microbiol.*, **72**, 255-271（2018）より改変］

で相補対を形成するとネットワークができる．また，RNA結合ドメインをもったタンパク質とRNAが結合してもネットワークができる．こうしてドロプレットの内部には編み物のようなネットワークがあり，外部とは性質の異なる"足場（溶液の反応場）"になっているとみなすことができる（図4・3）．

　米国コロラド大学のRoy Parkerらの研究チームは，哺乳類と酵母の細胞を対象にストレス顆粒に含まれるRNAの全体を明らかにするためにトランスクリプトーム分析を行った[31]．その結果，すべてのmRNAといくつかのノンコーディングRNAがストレス顆粒に含まれる効率は，1%未満から95%以上までさまざまであった．ストレス顆粒へのmRNAの蓄積はmRNAの非翻訳領域の長さに依存しており，長いものほどストレス顆粒に取込まれやすいという[32]．つまり，mRNAの配列や長さによってドロプレットの形成能が異なっているのである（図4・4）．

　mRNAの配列とドロプレットの形成能との関連について，ノースカロライナ大学

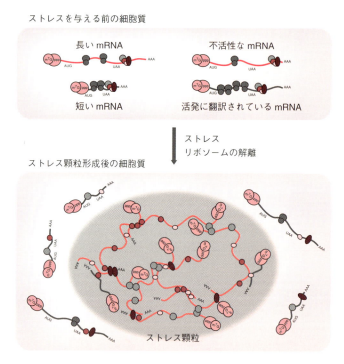

図4・4　細胞内にあるmRNAとストレス顆粒の形成　　長いmRNAや活発に翻訳されているmRNAなどさまざまな状態のmRNAがあるが，ストレスに応答して特定のmRNAが足場になってストレス顆粒が形成される．[A. Khong, 'The stress granule transcriptome reveals principles of mRNA accumulation in stress granules', *Mol. Cell*, **68**(4), 808-820 (2017) より改変]

のAmy Gladfelterらの報告を基に考えてみたい[33]．この研究の主役になるのがWhi3である．Whi3は発生の制御因子で，形態の形成やストレス応答などの生理的な働きが知られてきた．Whi3はポリグルタミンに富む天然変性領域をもつRNA結合タンパク質で，ポリグルタミンの長さに依存してドロプレットの形成のしやすさが変化する[34]．

Whi3は，細胞周期に関わる*CLN3*のmRNAや，アクチンに関わる*BNI1*や*SPA2*のmRNAとそれぞれRNP顆粒を形成し，異なる生理現象をひき起こす．興味深いことに，*CLN3*のmRNAと，*BNI1*のmRNAは同じWhi3タンパク質とドロプレットをつくっているにもかかわらず，融合はしないのである．両者のRNP顆粒は粘度が異なるので，おそらくそれが原因で混じりにくいのだろう．（図4・5）．

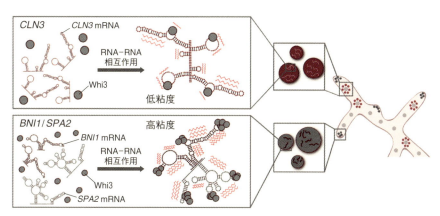

図4・5　ドロプレットが共存する例　　異なるmRNAが同じRNA結合タンパク質とともに異なる性質をもったドロプレットを形成する．互いに混ざらずに別の役割を担ったドロプレットとして働く．［E. M. Langdon *et al.*, 'mRNA structure determines specificity of a polyQ-driven phase separation', *Science*, **360**(**6391**), 922-927（2018）より改変］

もう一つこの論文で導かれた興味深い結論は，mRNAの構造とドロプレット形成の関係である．*CLN3*のmRNAを加熱して二次構造を壊し，ゆっくりアニーリングさせると最初のものとは異なった二次構造になる．その結果，Whi3の結合サイトやRNA分子内での相互作用部位が変化し，RNP顆粒の物性も変化したのである．つまり，mRNAは遺伝情報を運ぶだけではなく，多様な二次構造を形成することでドロプレットの性質を変化させ，遺伝子の発現や局在化などの制御を自ら行っていることを示唆する．いろんなイメージをかき立てるおもしろい成果だ．

これらの成果はRNAの配列特異性に基づきドロプレットを形成するという結果だ

が，他方，RNA があるとドロプレットの形成が抑制されるという報告もある[35]．FUS や TDP-43（TAR-DNA-binding protein of 43 kDa）など低複雑性ドメインをもつ RNA 結合タンパク質は，通常は核内にあり可溶な状態に保たれている．しかしこのようなタンパク質が細胞質に局在するとドロプレットをつくり，凝集へと成長する．この理由として，核内には比較的高濃度の RNA があるので，疎水性分子の溶解度を高めることで[36]，ドロプレットの形成が抑制されている，というのが Gladfelter らの導いた結論だ．細胞質は RNA 濃度がより低いので，FUS はドロプレットをつくりやすい．その結果，凝集へと成長して神経変性疾患をひき起こしやすくなるのだという．

このように，mRNA がドロプレットを形成すると一時的に mRNA がドロプレットに"隔離"されるようになる（図4・6）．その結果，不活性な状態で mRNA を蓄積することができる．もし mRNA が分解されると，多価性が低下するためにドロプレットの形成能が低下して放出され，新たに長い mRNA が取込まれるだろう．もしくは RNA が修飾やスプライシングなどを受けて変化するとドロプレットの形成能も異なるので放出されるだろう．このように考えると，ドロプレットは生命現象を特徴づける非平衡定常状態の実体として機能することがわかる．mRNA の配列は情報を運んでいるだけではなく，液-液相分離にも影響し，空間的に集めたり遺伝子の発現を時間的に制御したりする働きももつのである．

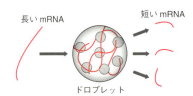

図4・6　mRNA のドロプレット　mRNA は長いとドロプレット形成能が高く，短いと形成能が低いのであれば，ドロプレット内部で切断を受けて放出されるようなメカニズムが考えられる．

4・5　lncRNA

長い RNA というと mRNA というイメージがあるが，遺伝子をコードしない長い RNA（long non-coding RNA）も細胞内には存在している．しかも，lncRNA は細胞内では決してマイナーな存在ではないことがわかりつつある．国際プロジェクト GENCODE（encyclopaedia of genes and gene variants）によると，ヒト細胞には 14880 種類もの lncRNA があるとされる[37]．真核細胞にはとりわけ種類も多く，霊長類に保存されている lncRNA は 2500 種類あり，そのうち 400 種類は実に 3 億年以上も前にさかのぼることができるという[38]．つまり，遺伝子レベルだけでなく RNA のレベルでも長い期間をかけて淘汰を受け，進化してきたことがわかる．

2014年にはlncRNAからペプチドが翻訳されているという驚くような報告もあった[39].米国ケース・ウェスタン・リザーブ大学のKristian Bakeらは，酵母の細胞内に転写されている200塩基以上の長さをもつ未同定のRNA（uRNA）を1146種類発見した．このuRNAには10個から96個の短いオープンリーディングフレームがあり，mRNAと同じようにリボソームが結合しているのだという．細胞内でのuRNAの発現量は，mRNAと同程度なので，細胞内にはuRNAから翻訳されたペプチドも存在するのだろう．このような結果からもわかるように，lncRNAはサブ遺伝子として働いている可能性がある．circRNAも同じ働きがあることは十分に想像できることである．このような短いペプチドが生物学的相分離に関わっている可能性も高い．

研究が進んでいるlncRNAの例として，XIST（X inactivation-specific transcript）と名付けられたX染色体を不活性化する仕組みがある[40].哺乳類細胞の雌細胞には性染色体XXが，雄細胞には性染色体XYがあるが，雌細胞にある2本のX染色体のうち1本は不活性化されていることが知られている．このとき，X染色体上にあるXISTから転写されたlncRNAが，X染色体上に局在化して全体の構造をダイナミックに変えるのだという[41].

このように，一般にlncRNAが見つかる場所は染色体や核小体の近傍である．核内にある膜のないオルガネラであるパラスペックルは，lncRNAを足場としてもっている[42].パラスペックルは染色体間にできるドロプレットで，miRNAの生産量を増やす役割があることが知られている．ドロプレットの周りにlncRNAであるNEAT1.1やRNA結合タンパク質のTDP-43があり，中央部にはパラスペックルに特有のタンパク質であるNONOやFUSによって形成された"コアシェル構造"をもったドロプレットである[43].lncRNAによって内部構造ができているため，中央領域と外部領域とにRNA結合タンパク質の濃度差が生まれているのが特徴だ.

ドロプレットの内部構造が観察されている別の例として核小体が知られている．核小体は最も大きなドロプレットで，構成要素になっている約4500種類のタンパク質が同定されている．内部にはリボソームDNAからリボソームRNAへの転写が行われる線維状中心部（fibrillar center）と，その周りでリボソームRNAのプロセシングが行われる高密度線維状部（dense fibrillar component）と，さらにその外部にはリボソームの組立てが行われる顆粒部（granular component）がある．核小体は1 μmから3 μmもある巨大なもので，ドロプレットの内部にさらに濃度差があることで役割が細分化されているというのは理にかなっている．

このように，RNAの新しい世界は，物性の世界である．RNAを足場としてネットワークが形成され，またRNA結合タンパク質群が集まり，それぞれ異なった性質をもったドロプレットを形成して機能している．RNAが含まれるドロプレットの役割

は，特定の反応の場の形成から，ストレスに応じたトランスクリプトーム全体の保存まで，多岐に及ぶ[43]．

4・6 相分離以降の RNA ワールド

Michael Rosen らの提唱する RNA と RNA 結合タンパク質による"クライアントと足場"のモデルを基に[44]，ドロプレットの一般的な構造モデルを見てみたい（図4・7）．複数の RNA 結合部位と低複雑性領域のいずれももっているタンパク質は，よりドロプレットを形成しやすい．いわばよいクライアントとしてドロプレットの安定化に貢献する．しかし，RNA 結合部位が減ったり，低複雑性領域がなかったりすればドロプレットの形成能は低下する．RNA 結合ドメインが一つだけでは，ネットワークの足場にはなりえない．ただし，そういうタンパク質も結合できるので，ドロプレットが形成されると取込まれることはあるだろう．一方，RNA も同様に，複数の RNA 結合ドメインをもっているものはクライアントとして足場の役割を担う．しかし，タンパク質と結合しない RNA やリジットな構造をもった RNA はドロプレットの足場にはなりえない．このように，ドロプレットは 1 対 1 の相互作用ではなく 1 対多や多対多の相互作用によるネットワークによって安定化されているのが特徴である．

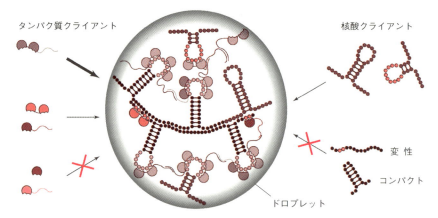

図4・7 RNA と RNA 結合タンパク質が形成するドロプレット　取込まれるクライアントの性質によってドロプレットの性質も変化する．[J. A. Ditlev et al., 'Who's in and who's out-compositional control of biomolecular condensates', *J. Mol. Biol.*, **430**(23), 4666-4684 (2018) より]

重要な特徴として，RNA や RNA 結合タンパク質の種類によって，ドロプレットの性質も異なるために互いに融合しないという性質があげられる．そのため，細胞内に

は複数の種類のドロプレットが共存できることになる．この裏返しとして，膜のないオルガネラと称される比較的安定な大きなドロプレットは，固有のRNAをもっていることが知られている．たとえば，カハール体にある小さなRNA（scaRNA）や，核小体にある小さなRNA（snoRNA）は，名称がすでにつけられていることからもわかるように，それぞれに局在化しており，ドロプレットの固有の性質を決めるために役立っていると考えられる．

　mRNAのもう一つの顔を最後に紹介したい．mRNAを試験管内に取出すと相補対の形成によって二次構造を形成するものが多い．しかし，細胞内のmRNAは，試験管内のmRNAと比較して二次構造を形成せずランダムな構造をもつという結果が，酵母[45]とシロイヌナズナ[46]で報告されている．細胞内のATPを枯渇させるとmRNAの多くは二次構造を形成したので，mRNAは細胞内でエネルギー依存的に構造がほどかれているのだろう．たとえば，ヒトの父・母・子の間にみられるmRNAの一塩基変異のうち，立体構造を変化させるものは変化させないものよりも少ないという報告もあるので[47]，mRNAの配列は翻訳されるアミノ酸配列だけでなく二次構造としても保存されているのは確かなようだ．mRNAは二次構造が異なればドロプレットの形成能も異なり，水やタンパク質や有機分子などとの親和性も変化する．そのため，mRNAは配列だけでなく二次構造もドロプレットの性質を決める要因になっていると考えてよい．ちなみに，RNAだけでもドロプレットを形成する[48]．

　mRNAはG・C・A・Uが意味をもって並んだものである．その意味とは，古典的には遺伝情報（タンパク質への翻訳）であると考えられてきた．しかし，それだけではなく，高次構造（翻訳の制御）や溶液物性（翻訳の局在化）にも関係するというのが新しいRNAの見方である．mRNAは遺伝子の情報でもあり，同時に溶液物性を決める実体でもある．このように，新しく登場した生物学的相分離の見方からRNAの真の姿をとらえる研究が今後ますます盛んになっていくだろう．

第4章の参考文献

1. A. Fire et al., 'Potent and specific genetic interference by double-stranded RNA in *Caenorhabditis elegans*', *Nature*, **391**(**6669**), 806-811 (1998).
2. G. Hutvágner et al., 'A cellular function for the RNA-interference enzyme dicer in the maturation of the let-7 small temporal RNA', *Science*, **293**(**5531**), 834-838 (2001).
3. D. P. Bartel, 'MicroRNAs: target recognition and regulatory functions', *Cell*, **136**(**2**), 215-233 (2009).
4. M. S. Ebert et al., 'MicroRNA sponges: competitive inhibitors of small RNAs in mammalian cells', *Nat. Methods*, **4**(**9**), 721-726 (2007).
5. J. Salzman et al., 'Circular RNAs are the predominant transcript isoform from hundreds of human genes in diverse cell types', *PLoS One*, **7**(**2**), e30733 (2012).
6. S. Memczak et al., 'Circular RNAs are a large class of animal RNAs with regulatory potency', *Nature*, **495**(**7441**), 333-338 (2013).

7. T. B. Hansen *et al.*, 'Natural RNA circles function as efficient microRNA sponges', *Nature*, **495**(7441), 384-388 (2013).
8. J. H. Li *et al.*, 'starBase v2.0: decoding miRNA-ceRNA, miRNA-ncRNA and protein-RNA interaction networks from large-scale CLIP-Seq data', *Nucleic Acids Res.*, **42**, D92-97 (2014).
9. Y. Tay *et al.*, 'The multilayered complexity of ceRNA crosstalk and competition', *Nature*, **505**(7483), 344-352 (2014).
10. D. Ferrandon *et al.*, 'RNA-RNA interaction is required for the formation of specific bicoid mRNA 3′ UTR-STAUFEN ribonucleoprotein particles', *EMBO J.* **16**(7), 1751-1758 (1997).
11. A. R. Buxbaum *et al.*, 'In the right place at the right time: visualizing and understanding mRNA localization'. *Nat. Rev. Mol. Cell Biol.*, **16**(2), 95-109 (2015).
12. E. Lécuyer *et al.*, 'Global analysis of mRNA localization reveals a prominent role in organizing cellular architecture and function', *Cell*, **131**(1), 174-187 (2007).
13. A. M. Femino *et al.*, 'Visualization of single RNA transcripts *in situ*', *Science*, **280** (**5363**), 585-590 (1998).
14. S. Darmanis *et al.*, 'A survey of human brain transcriptome diversity at the single cell level', *Proc. Natl. Acad. Sci. USA*, **112**(23), 7285-7290 (2015).
15. F. Buettner *et al.*, 'Computational analysis of cell-to-cell heterogeneity in single-cell RNA-sequencing data reveals hidden subpopulations of cells', *Nat. Biotechnol.*, **33**(2), 155-160 (2015).
16. E. Tutucci *et al.*, 'Imaging mRNA *in vivo*, from birth to death'. *Annu. Rev. Biophys.*, **47**, 85-106 (2018).
17. S. Saha *et al.*, 'Polar positioning of phase-separated liquid compartments in cells regulated by an mRNA competition mechanism', *Cell*, **166**(6), 1572-1584 (2016).
18. N. Kedersha *et al.*, 'Stress granules and cell signaling: more than just a passing phase?', *Trends Biochem. Sci.*, **38**(10), 494-506 (2013).
19. M. M. Fay *et al.*, 'The role of RNA in biological phase separations', *J. Mol. Biol.* **430**(23), 4685-4701 (2018).
20. H. Unsworth *et al.*, 'mRNA escape from stress granule sequestration is dictated by localization to the endoplasmic reticulum', *FASEB J.*, **24**(9), 3370-3380 (2010).
21. N. Kedersha *et al.*, 'Stress granules: sites of mRNA triage that regulate mRNA stability and translatability', *Biochem. Soc. Trans.*, **30**(**Pt 6**), 963-969 (2002).
22. N. Sonenberg, 'Regulation of translation initiation in eukaryotes: mechanisms and biological targets', *Cell*, **136**(4), 731-745 (2009).
23. H. Matsuki *et al.*, 'Both G3BP1 and G3BP2 contribute to stress granule formation', *Genes Cells*, **18**(2), 135-146 (2013).
24. I. E. Gallouzi *et al.*, 'A novel phosphorylation-dependent RNase activity of GAP-SH3 binding protein: a potential link between signal transduction and RNA stability', *Mol. Cell Biol.*, **18**(7), 3956-3965 (1998).
25. S. E. Ong *et al.*, 'Identifying and quantifying *in vivo* methylation sites by heavy methyl SILAC', *Nat. Methods*, **1**(2), 119-126 (2004).
26. C. Choudhary *et al.*, 'Lysine acetylation targets protein complexes and co-regulates major cellular functions', *Science*, **325**(**5942**), 834-840 (2009).
27. A. K. Leung, 'Poly(ADP-ribose) regulates stress responses and microRNA activity in the cytoplasm', *Mol. Cell*, **42**(4), 489-499 (2011).
28. B. Van Treeck *et al.*, 'RNA self-assembly contributes to stress granule formation and defining the stress granule transcriptome', *Proc. Natl. Acad. Sci. USA*, **115**(11), 2734-2739 (2018).
29. M. Brengues *et al.*, 'Movement of eukaryotic mRNAs between polysomes and cytoplasmic processing bodies', *Science*, **310**, 486-489 (2005).
30. A. Hubstenberger *et al.*, 'P-Body purification reveals the condensation of repressed mRNA regulons', *Mol. Cell*, **68**(1), 144-157.e5 (2017).
31. A. Khong, 'The stress granule transcriptome reveals principles of mRNA accumulation in stress granules', *Mol. Cell*, **68**(4), 808-820 (2017).
32. A. Vourekas, 'Sequence-dependent but not sequence-specific piRNA adhesion traps mRNAs to the

germ plasm', *Nature*, **531**(7594), 390-394 (2016).
33. E. M. Langdon *et al.*, 'mRNA structure determines specificity of a polyQ-driven phase separation', *Science*, **360**(6391), 922-927 (2018).
34. H. Zhang *et al.*, 'RNA controls polyQ protein phase transitions', *Mol. Cell*, **60**(2), 220-230 (2015).
35. S. Maharana *et al.*, 'RNA buffers the phase separation behavior of prion-like RNA binding proteins', *Science*, **360**(6391), 918-921 (2018).
36. A. Patel *et al.*, 'TP as a biological hydrotrope', *Science*, **356**(6339), 753-756 (2017).
37. T. Derrien *et al.*, 'The GENCODE v7 catalog of human long noncoding RNAs: analysis of their gene structure, evolution, and expression', *Genome Res.*, **22**(9), 1775-1789 (2012).
38. A. Necsulea *et al.*, 'The evolution of lncRNA repertoires and expression patterns in tetrapods', *Nature*, **505**(7485), 635-640 (2014).
39. J. E. Smith *et al.*, 'Translation of small open reading frames within unannotated RNA transcripts in Saccharomyces cerevisiae', *Cell Rep.*, **7**(6), 1858-1866 (2014).
40. G. D. Penny *et al.*, 'Requirement for Xist in X chromosome inactivation', *Nature*, **379**(6561), 131-137 (1996).
41. J. M. Engreitz *et al.*, 'The Xist lncRNA exploits three-dimensional genome architecture to spread across the X chromosome', *Science*. **341**(6147), 1237973 (2013).
42. Y. T. Sasaki *et al.*, 'MENepsilon/beta noncoding RNAs are essential for structural integrity of nuclear paraspeckles', *Proc. Natl. Acad. Sci. USA*, **106**(8), 2525-2530 (2009).
43. M. M. Fay *et al*,. 'The role of RNA in biological phase separations'. *J. Mol. Biol.* **430** (23), 4685-4701 (2018).
44. J. A. Ditlev *et al.*, 'Who's in and who's out-compositional control of biomolecular condensates', *J. Mol. Biol.*, **430**(23), 4666-4684 (2018).
45. Y. Ding *et al.*, '*In vivo* genome-wide profiling of RNA secondary structure reveals novel regulatory features', *Nature*, **505**(7485), 696-700 (2014).
46. S. Rouskin *et al.*, 'Genome-wide probing of RNA structure reveals active unfolding of mRNA structures *in vivo*', *Nature*, **505**(7485), 701-705 (2014).
47. Y. Wan *et al.*, 'Landscape and variation of RNA secondary structure across the human transcriptome', *Nature*, **505**(7485), 706-709 (2014).
48. A. Jain *et al.*, 'RNA phase transitions in repeat expansion disorders', *Nature*, **546**(7657), 243-247 (2017).

5
細胞内オーガナイザーと場の構築

　分子を一つ一つ詳細に分析しても説明できない現象がある．時間的な制御や空間的な局在化などはその代表例だ．時空間制御に活躍するのがドロプレットである．本章では，酵素の活性化や代謝の連続反応など，細胞内のオーガナイザーとしてのドロプレットの様子を整理したい．理論的には，連続反応が進むためにはドロプレットのような区画化を仮定した方が理解しやすい．実験的には，光合成について研究が進んでいるので，ドロプレットによる基質の濃縮機構について紹介する．酵素だけではドロプレットになりにくいが，特別な天然変性タンパク質があれば RubisCO のような巨大な酵素でもドロプレットになるのは興味深い事実である．

5・1　生化学の代謝

　はじめに生化学の見方で代謝を整理したい．代謝とは生体内に生じている一連の化学反応のことをいう．細胞は外界から有機物や光などのエネルギーを取入れると，ATP などの共有結合エネルギーや，糖質や脂質などの物質エネルギー，NADH などの還元エネルギー，イオン濃度勾配の電気化学エネルギーなどとして蓄積する．そして蓄積したエネルギーを，生体を構成する物質の合成や運動のエネルギーなどに利用する．この一連の化学反応が代謝であり，個々の化学反応を触媒するのが酵素である．真核細胞には何千種類もの酵素があり，物質を分解しながらエネルギーを得て，そのエネルギーを利用して物質合成をしている．

　酵素は 7 種類に分類できる（表 5・1）．すべての酵素は固有のコード番号が振られており，四つの桁で階層的に分類されている．本書にも出てくる酵素の例では，グルコースをグルコース 6-リン酸に変換するヘキソキナーゼは EC 2.7.1.1，フルクトー

ス 1,6-ビスリン酸をピルビン酸に分解するフルクトース 1,6-ビスリン酸アルドラーゼは EC 4.1.2.13，ペプチド結合を加水分解するトリプシンは EC 3.4.21.4 である．このような分類指標を見てもわかるとおり，細胞内に生じている化学反応はおおまかに分けると 7 種類しかない，ということを意味する．そしてその 7 種類の化学反応は，基質特異性によって 2 桁目から下の小分類に分けられていく．

表5・1　酵素番号による酵素の分類[†]

EC 1	酸化還元酵素（オキシドレダクターゼ）
EC 2	転移酵素（トランスフェラーゼ）
EC 3	加水分解酵素（ヒドロラーゼ）
EC 4	除去付加酵素（リアーゼ）
EC 5	異性化酵素（イソメラーゼ）
EC 6	合成酵素（リガーゼ）
EC 7	転位酵素（トランスロカーゼ）

[†] EC: enzyme commission numbers（酵素番号）の略号．EC 7 は 2018 年にできた最も新しい分類である．

グルコースからの代謝経路を簡単に整理してみよう（図5・1）．まずグルコースは，ヘキソキナーゼによってグルコース 6-リン酸になる．続いてグルコース 6-リン酸は，グルコースリン酸イソメラーゼによってフルクトース 6-リン酸へと異性化される．フルクトース 6-リン酸はホスホフルクトキナーゼによってフルクトース 1,6-ビスリン酸になる．その後，いくつかの反応を経て，二つのピルビン酸にまで分解される．これらのプロセスで ATP や NADH が合成される．ピルビン酸から二酸化炭素が外れて，アセチル基がクエン酸回路とよばれるミトコンドリアにある酵素反応系に入り，ここでも ATP や NADH や $FADH_2$ が合成される．NADH や $FADH_2$ は電子を与える能力をもった物質である．これらの還元物質はミトコンドリアにある電子伝達系で ATP の合成に利用される．以上が，グルコースを二酸化炭素と水にまで完全に分解しながら，細胞がエネルギーを獲得するプロセスの概要である．

グルコースのほか，さまざまな有機分子も同じように多様な酵素によって代謝されていく．タンパク質はアミノ酸へと分解され，その後，ピルビン酸へと分解されてクエン酸回路に入るが，窒素を含んだ反応中間体は尿素回路へと進んで尿素として体外に排出される．脂質はグリセロールと脂肪酸に分解されたのち，アセチル CoA からクエン酸回路に入る．

以上のように，複雑な物質から単純な物質へと分解することでエネルギーを取出すプロセスを **異化** とよぶ．逆に，単純な物質からエネルギーを利用して複雑な物質を合

成するプロセスを**同化**という．同化と異化は同じ酵素が関係することも多い．

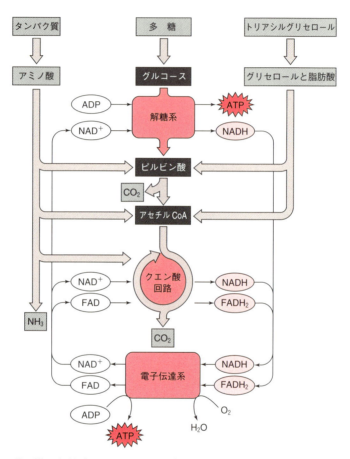

図5・1 代 謝 解糖系はグルコースからピルビン酸にまで分解するプロセスで，細胞質にある酵素がこの働きを担う．クエン酸回路の酵素によってアセチル基が分解され，さらに電子伝達系まで進んで多くのATPが合成される．

このような代謝経路を細胞内のすべての反応に拡大したのが**代謝マップ**である（図5・2）．代謝マップは酵素名や代謝産物名まで記したものもあるが，図5・2は最もシンプルな表記である．黒丸が物質で，それぞれ線で結ばれている．線がいわば酵素に対応しており，酵素が物質の間の化学反応を触媒していることを表す．

このように黒丸を線で結ぶだけの簡単な表記をしてみると，代謝の重要な特徴が際

立つように思う．この代謝マップは約520個の黒丸があり，一つか二つの線で結ばれた黒丸が約410個ある．つまり，約8割の代謝産物は一方向に流れるかそこで反応が終わるということになる．三つ以上の線で結ばれた黒丸が約110個あり，これらの分子は将来どのように進むのかは決まっていない．黒丸のなかには多数の線が出ているものもある．かなり冗長で複雑な"回路"だが，この回路は基盤にハンダづけされたものではなく，細胞内に溶けている酵素によって生じているのである．

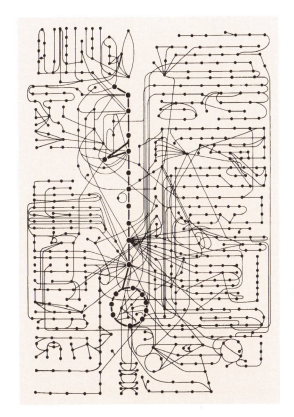

図5・2 **代謝マップ** 黒丸の代謝産物が別の代謝産物へと繋がっていく様子が一目でわかる．線に相当する部分が酵素による触媒のプロセスである．[P. A. Srere, 'Complexes of sequential metabolic enzymes', *Ann. Rev. Biochem.* **56**, 89-124 (1987) より]

5・2 代謝の物理学

1世紀にもおよぶ生化学の研究によって，さまざまな酵素が同定されてきた．その結果，細胞内は信じがたいほど複雑な反応が生じていることが明らかになってきた．しかし，代謝マップを見ていると根本的な疑問が湧いてこないだろうか．生化学の教

科書に書かれてある酵素の構造や反応は，一つ一つは正しいものだ．しかし，全体としてどのようにして連続的な反応が進むのだろうか？

複数の酵素が集まってどのように機能しているのかを考えていた人は昔からいた．なかでも印象に残る論文として，生化学の全盛期である20世紀の半ばから後半にかけて活躍した生化学者のPaul Srere が著した"連続的な代謝酵素の複雑さ（Complexes of sequential metabolic enzymes）"がある[1]．酵素の個々の働きがどのように組織化されているのか，膨大な文献と関連づけて議論した実に魅力のある論文だ．この論文には**メタボロン**（metabolon）という用語が登場する．代謝（metabolism）と集合（lon）という意味から取った造語だ．Srereは多様な証拠を組合わせ，DNA合成や解糖系や尿素回路までさまざまな代謝経路がメタボロンという"連続的に反応を進めるための集合物"が関係するのだと力説する．その証拠とは，特異的なタンパク質分子間やタンパク質脂質間の相互作用などの物証から，速度論的な性質や遺伝的な証拠，多機能タンパク質の存在から物理化学的な理論まで多岐にわたる．

それから25年ほど，メタボロンという用語はほとんど注目されてこなかった．しかし，ここ数年で再びメタボロンの文字を目にする機会が増えてきた．それはもちろん，生物学的相分離と生命現象との関係が明らかになってきたからである．

酵素の連続反応がどのように生じているのかを，ドロプレットから考えてみよう（図5・3）．まず最も単純な形として2種類の酵素の連続反応を考える．生化学の教科書では，酵素の連続反応が矢印で順番に記されているが，実際にはこのような反応

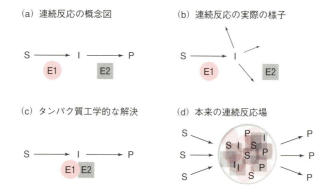

図5・3 ドロプレットの形成による酵素連続反応モデル　E1とE2は酵素，Sは基質，Iは反応中間体，Pは生産物．(a) 酵素の連続反応のイメージ．こういう反応は通常は進まない．(b) 理論的な計算によれば，10 nmも離れると進まないからだ．(c) 酵素を工学的に共有結合させると進むが，細胞が用いている方法ではない．(d) ドロプレットを形成させると連続反応は進む．

は簡単には進まない．理論的な計算によると，二つの酵素の活性中心が10 nmも離れると，バルクに中間体が拡散してしまって連続反応は進まなくなるからだ[2]．

試験管内でこのような連続反応を進めようとすれば，大過剰の酵素や基質を入れるとよいが，それは細胞内を反映させたものではない．細胞内ではごく少数の酵素が，少数の基質を反応させ，そういった反応が何百種類も何千種類も起こりながら恒常性を保っているのだ．連続反応が進まない問題を回避するために，活性中心が近づくように共有結合させる方法がある．これは代謝工学などで，サッカリン酸など産業的に重要な分子を合成するために利用されているが[3]，もちろん，細胞内で採用されている戦略とは異なっている．

ここで，2種類の酵素が1対1で結合しているような"複合体"ではなく，多くの分子が動的に集まったドロプレットを形成していると考えてみよう．ドロプレットに基質が取込まれると，最初の酵素が基質から反応中間体を合成した後，この反応中間体はまだドロプレットの内部にあるので次の酵素に認識される可能性が高い．こうして基質がドロプレットに入れば反応中間体が効果的に閉じ込められ，反応が進む様子がイメージできるだろう．

ドロプレットの形成による酵素連続反応モデルは，**アグロメレート**（agglomerate）という酵素クラスタリングの理論で考察が深まっている[4]．要するに，酵素を無理やり結びつけなくとも，ドロプレットのようなダイナミックな集合体ができている状態があると仮定すれば，連続反応は進むのである．

ドロプレットを一つの反応単位として考えると，細胞内にある酵素のメカニズムが理解しやすくなる．まず，3種類以上の反応にも同様に拡張できるというのが最大の利点だ．代謝反応は他に脇道のない直線的な連続反応が多く，代謝産物の8割は"反応中間体"である．これらはまとめて反応させた方が効率はよい．さらに，きわめて不安定な中間体があっても，ドロプレットとして酵素が濃縮されたドロプレットの状態であれば次の反応にも進みやすくなる．また，律速になる活性の低い酵素がドロプレットにたくさん入っていると活性を上げたりもできるだろう．ある酵素が別の種類のドロプレットを形成して異なる働きを担ったりしてもよい．

実験的に見ても，このようなドロプレットによる連続反応が生じているのではないかと考えられる報告がいくつかある．真核細胞内でのプリンの合成は，ホスホリボシル二リン酸からイノシン酸まで10個の化学反応が関係し，6種類の酵素がその反応を触媒する．この反応を可視化するために，HeLa細胞に発現している6種類の酵素を蛍光標識してライブイメージングを行ったところ，酵素クラスターが動的に形成したり解離したりする様子が観察できたという2008年の先駆的な研究がある[5]．この論文では，この集合体をプリンの合成という意味で**プリノソーム**（purinosome）と

名付けている．ほかに，生物学的相分離の研究が萌芽してくる時期より前にも，ヒト赤血球にある解糖系の酵素が膜の上に並んでおり，酸素化やリン酸化によって制御されているという 2005 年の報告[6] や，出芽酵母は飢餓の状態に応じて多くの代謝酵素がダイナミックなクラスターを形成するという 2009 年の報告[7] などがあるが，これらを改めて現代の目で読み返すと，おそらくドロプレットを形成しているように思う．

カリフォルニア大学サンフランシスコ校の合成生物学者 Wendell Lim らが広い概念として整理しているように[8]，細胞内の情報伝達にも足場となる多くのスカフォールドタンパク質があり，必要な情報を空間的・時間的にコントロールしているという見方がある（図 5・4）．この見方はタンパク質の構造と機能の古典的な枠組みにおいて理にかなったものである．図のように，膜のあるオルガネラによる区画化のほか，共局在化した状態や足場を利用した精密な配置など，多様な区画化が生じていると考えていい．ここにさらにドロプレットを加えると，動的で一時的で多様な"反応場の形成"がイメージしやすくなる．

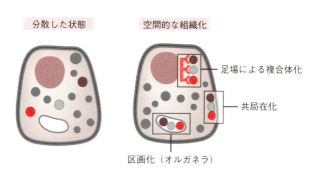

図 5・4 細胞内の局在化のパターン　　細胞内は分散したような状態ではなく，膜で仕切られたり局在化したり足場に結合したりするという一般的な姿が 2011 年には総説に整理されるほど理解が進んでいた．［M. C. Good, *et al*., 'Scaffold proteins: hubs for controlling the flow of cellular information', *Science*, **332**(**6030**), 680–686（2011）より改変］

では，なぜ特定の酵素がドロプレットをつくるのだろうか？　こういう疑問が生じるのは当然だ．しかし，この疑問に現在の私たちが答えることはできない．というのも，そもそもタンパク質が凝集すると測定に支障がでるため，研究者は凝集しない条件を探して実験をしてきたからである．たとえば，低分子添加剤を駆使して凝集しないような溶液をデザインしたり（§9・6 参照），凝集しそうな配列があったらそれを除去したりしてきた．除去した配列が，ドロプレット形成の主役となる低複雑ドメインなどの天然変性領域であることも多かっただろう（§3・5 参照）．それが何十年もの間，研究者にとって当たり前だった．こうして溶解性に関する情報は意図的に除去

され，まったく無視されてきたのである．その結果，タンパク質の研究者でも，あるタンパク質がどの分子とともにドロップレットを形成しやすいかという知識については，まったく持ち合わせていないのが現状なのである．

これから相分離生物学が認知されるに伴い，タンパク質が他の分子と共存したときの溶解性が研究の重要なキーワードになるだろう．たとえば，ある酵素はある基質に対して固有のミカエリス定数（K_M）をもっているが，それと同じことで，あるタンパク質はある分子とともに固有の溶解性をもっているという視点が必要である．第6章で述べるように，ある溶液条件ではそれ自身でドロップレットをつくるFUSのようなタンパク質もあるし，別の物質とともに溶解しやすい物質もあるだろう．溶けるとか溶けないとかいうありふれた現象が，実はタンパク質の構造や機能と並列に扱われるべき重要な見方だったのである．タンパク質はそれぞれ構造をもっており，その構造に基づいて機能があり，溶解性が決まる．このような見方でタンパク質を理解していかなければならない．

5・3 RubisCO

ここでは酵素反応の応用の視点からドロップレットの研究を見ていきたい．主役となる酵素は **RubisCO**（リブロース-1,5-ビスリン酸カルボキシラーゼ/オキシゲナーゼ）である．RubisCO（EC 4.1.1.39）は，安定な二酸化炭素から，生物を構成する有機物を生み出す偉大な酵素で，"地球上に最も多いタンパク質" などと称されることもある．生命にとって欠かせないこのタンパク質も，実は，細胞内で液–液相分離して働いているという指摘が 2017 年にあり，2018 年には試験管内でも再現されている．500 kDa を超えるほど巨大なタンパク質も試験管内で液–液相分離させることが可能なのだから驚きだ（図 5・5）．

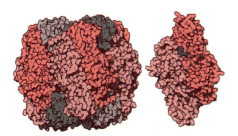

図 5・5 **RubisCO の結晶構造** 植物や藻類がもつ大型の RubisCO（左）と，光合成細菌がもつ小型の RubisCO（右）．PDB ID：1RCX と 9RUB(5)．

光合成系の基礎研究は超高速分光法を用いるなど物理学に近い領域を構成しており，生物学のなかではユニークな位置づけをもつ分野だが，応用研究は地球規模での

大問題を解決するテーマとして期待されている．かねてから食糧問題が取沙汰されているように，増え続ける人口を支えるためには，農作地の開拓や従来どおりの品種改良では農作物の生産が追いつかないからだ．約50年分，25万件もの統計資料を分析した大規模な調査によれば，2050年までに農作物を2倍に増やさなければならないという[9]．この目標を達成するために有力視されているのが，農作物の光合成系の改良がある[10]．

現在では，タバコ植物をモデルに光合成系Ⅱサブユニットの量を増加させると，光合成の収率が15%増加したという報告がある[11]．このような単純なアプローチでも成功することからもわかるとおり，光合成のエネルギー効率はもともと低く，バイオテクノロジーによって改良できると考えられている．光合成の効率が低い原因として，律速となる RubisCO の活性がきわめて低く，基質となる二酸化炭素の濃度がそもそも大気中に薄いことがある．しかも，酸素があれば RubisCO は有機物を酸化させ，逆に劣化させるという副反応が生じやすいのも特徴だ．このような課題を克服するために，藻類は二酸化炭素を濃縮するシステムをもっている．なかでも**クラミドモナス**の二酸化炭素濃縮システムは効果が高く，米や小麦などの農作物に導入するための基礎研究が進められている[12]．

クラミドモナスは緑藻の一種であり，単細胞の真核生物である．また，クラミドモナスは鞭毛の運動や光合成の仕組みなどの研究に供されてきたモデル生物でもある（図5・6）．クラミドモナスの細胞内にはひときわ大きな葉緑体があり，この中央には**ピレノイド**とよばれる球状の構造物が発達している．ピレノイドのおもな成分はRubisCO である．RubisCO は，炭素五つからなるリブロース 1,5-ビスリン酸に二酸化炭素を結合し，2分子の炭素三つからなるホスホグリセリン酸を生産する炭酸固定の中心的な役割を担う酵素である．いわば有機物の生みの親である．ただし，RubisCO の反応はきわめて遅く，触媒活性は1秒当たりせいぜい数個である．

ピレノイドを電子顕微鏡で観察すると，結晶状やアモルファス状をしたタンパク質が見える．また，凍結した細胞の内部をクライオ電子顕微鏡トモグラフィーで観察すると，六角形にパッキングした格子が確認できる[13]．"タンパク質によるオルガネラ"という意味で**カルボキシソーム**とよばれることもある[14]．このような研究から，ピレノイドは固体状の構造物だという説も有力だった．一方，20年前には，ピレノイドに存在する RubisCO の量が二酸化炭素の濃度によって変化するという報告があり[15]，炭酸固定に働く酵素群は動的に制御されていることも，古くから知られていた．

5・4 ピレノイドは膜のないオルガネラ

Martin Jonikas 博士らプリンストン大学やスタンフォード大学などの研究チームが

2017年，ピレノイドが"膜のないオルガネラ"であることを報告した[16]．著者らは，クラミドモナスの細胞にあるクロロフィルの自家蛍光を，共焦点顕微鏡によって丹念に観察した．細胞周期の間期には，葉緑体の中央にピレノイドが観察された．その後，細胞が分裂しはじめて約30分が経過した頃，ピレノイドが溶けて内容物が葉緑体の中に分散した．それから20分ほどかけて細胞が二つに分裂した後，娘細胞の中にピレノイドが再構築されることがわかった．このような振舞いは，ピレノイドが"固体"ではなく"液体"だからできることである．

細胞内の酵素の溶存量は二酸化炭素の量によって変化することが報告されている[17]．つまり，通常の二酸化炭素の濃度ではRubisCOの6割がピレノイドに存在し，残りが葉緑体の内部に分散しているが，濃い二酸化炭素にさらすとRubisCOの2割だけがピレノイドに存在したのである．このように，ピレノイドに含まれるRubisCOの量を調整することで，炭酸固定の効率を制御していたのである．もう一つ効率を上げる重要な分子機構として，二酸化炭素の取込みがある．ピレノイドが形成されると，5種類のタンパク質が働き，無機炭素（CO_2やCO_3^{2-}，HCO_3^-，H_2CO_3など）を環境から取込み，RubisCOの活性中心へと輸送する仕組みができる[18]．なお，RubisCOに変異が起こりピレノイドを形成できなくなった株は，増殖や光合成に障害が生じて

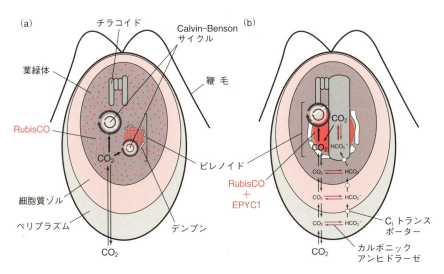

図5・6 **二酸化炭素の取込みのメカニズム**　通常の二酸化炭素の条件ではRubisCOは葉緑体の中に広がっている．しかし，二酸化炭素の濃度が薄くなると二酸化炭素を輸送するシステムが形成され，同時にRubisCOが集積して炭酸固定の効率をあげる．[A. Küken et al., 'Effects of microcompartmentation on flux distribution and metabolic pools in *Chlamydomonas reinhardtii* chloroplasts', *Elife*, **7**, pii: e37960 (2018) より改変]

しまう[19]．それは，炭酸固定の酵素の働きに影響するのではなく，二酸化炭素の濃縮機構が働かないからなのである．このように，二酸化炭素の輸送とRubisCOの集積の二つのメカニズムが働くことで，環境の二酸化炭素が低くなる方がむしろ炭酸固定の効率が上がるのだ．すなわちピレノイドは，酵素であるRubisCOと基質である二酸化炭素を集めることで，無駄な副反応を抑えて酵素触媒の効率を高めるために働く"膜のないオルガネラ"なのである（図5・6）．

5・5 試験管内でのRubisCOの相分離

　ピレノイドを構成するタンパク質には，RubisCOのほか，**EPYC1**（essential pyrenoid component 1）と名付けられた天然変性タンパク質がある[20]．EPYC1はエピックワンと発音する．これが液-液相分離の主役として働いているのだ．シンガポール南洋理工大学のOliver Mueller-Cajar博士らは，RubisCOとEPYC1とを試験管内で混合すると，液-液相分離してドロプレットができることを発見した[21]．これだけ巨大な酵素でも，天然変性タンパク質と混合すればドロプレットを形成するのは興味深い．

　RubisCOとEPYC1はそれぞれ単独では透明の状態であった．しかし，両者を混合すると溶液が白濁したのである．光学顕微鏡で観察すると数μmの大きさの球形をしたドロプレットが観察された．このドロプレットは10秒ほどの時間で融合するので，液体の性質をもっていると考えられる．50 mMの塩化ナトリウムを加えても形状に変化はないが，300 mMの塩化ナトリウムを加えると溶解したので，RubisCOとEPYC1は静電相互作用で安定化されているようだ．分子の質量が約550 kDaもあるRubisCOが，20 kDaほどの天然変性タンパク質であるEPYC1と活性を保ったまま液-液相分離してドロプレットになるのだから，他のさまざまな酵素も相分離するのだろうと思えてくる．示唆深い発見である．

　この論文では，クラミドモナスだけでなく他の生物からもRubisCOを調製して，相分離するのかを調べている．光合成細菌であるシアノバクテリアのRubisCOはEPYC1とドロプレットを形成し，クラミドモナス由来のものと類似した振舞いをすることがわかった．また，鉄酸化細菌由来のRubisCOは，ドロプレットの形成には高濃度のEPYC1が必要になることがわかった．高等植物であるコメ由来のRubisCOや，紅色細菌由来のRubisCOもEPYC1を加えてもドロプレットは形成しなかった．EPYC1が巨大なRubisCOを液-液相分離させることだけでもかなりおもしろい発見だが，RubisCOの種類によって液-液相分離のしやすさが異なっていたのも重要な発見である．ただし，現在ではEPYC1がどのRubisCOと液-液相分離するのかという

メカニズムはわからない．なぜなら，これまで述べてきたとおり，どういうタンパク質の組合わせが液-液相分離するのかという溶解性に関する研究の蓄積がほとんどないからだ．タンパク質がいったいどのような組合わせによって液-液相分離するのか，その背後にはどのようなメカニズムが隠れているのか，これから研究を深めていく必要がある重要なテーマである．

この論文ではEPYC1の性質も詳細に調べている．EPYC1は約60アミノ酸からなる四つの繰返し配列をもった天然変性タンパク質である．そこで，繰返し配列が一つ，二つ，三つになるようEPYC1を短くした変異体や，重複させて五つにした変異体を作製してRubisCOとドロップレットを形成させた．その結果，EPYC1は長いものほどRubisCOとドロップレットを形成しやすく，ドロップレットの粘性も高くなった．天然変性タンパク質は，繰返し配列が増えるほど液-液相分離しやすくなるというのが基本的な特徴だが，EPYC1もそれと同じ特徴をもっているようだ．

この論文の最後には，農作物に藻類のピレノイドをつくらせようとする大目標についての議論がある．RubisCOとEPYC1とをコードする遺伝子を異種の生物に導入すれば，ピレノイドとして働くドロップレットを形成する可能性もあるだろう．"膜のないオルガネラ"は，構造も形成原理も通常のオルガネラよりはるかに単純だからだ．実際に膜のないオルガネラとして，非天然アミノ酸をもった組換えタンパク質を合成する"直交翻訳オルガネラ"を哺乳類の細胞内につくらせた成果が2019年に報告されている[22]．このような"相分離生物工学"もこれから盛んになっていく分野だ．

RubisCOのような大きなタンパク質を異種細胞に入れて正しくフォールディングできるのかという懸念は残るだろう．真核タンパク質を大腸菌で発現させると，フォールディングせずに封入体とよばれる凝集体を形成することが多いからだ．しかし，タンパク質フォールディングのテクノロジーはかなり進展しており，この点もクリアできるのではないかと思っている．たとえば，シロイヌナズナのRubisCOを大腸菌体内で発現させることに成功した例が2017年に報告されている[23]．植物のRubisCOは八つの大サブユニットと八つの小サブユニットからなる約550 kDaもある巨大なタンパク質なので，大腸菌で発現しても機能的な構造へとフォールディングしなくて当然である．そこで，シャペロンの研究で著名なManajit Hayer-Hartlらは，RubisCOの大サブユニットのフォールディングを助ける葉緑体シャペロニンや，会合を助けるシャペロンを同時に発現させた．その結果，5種類のフォールディングを助けるタンパク質を同時に発現させることで，植物のRubisCOを大腸菌に発現させることに成功したのである．このように，遺伝子工学が実現するためには，タンパク質工学やタンパク質溶液科学も重要な役割を担っている．

5・6 酵素反応をオーガナイズする

　ピレノイドの液-液相分離を報告したこのJonikasらの論文にも書かれているように，ピレノイドは細胞内にあるオルガネラとして2世紀前には観察されていたものだ．きわめて観察しやすい巨大なオルガネラの性質が，生物学的相分離という見方を通して再発見され，新しい研究のステージへと展開されていくのは興味深い動向だ．これからは，一般的な意味での"小さなピレノイド"，つまり酵素と基質とを集積させて収率を上げるような酵素連続反応の反応場の仕組みが明らかにされるだろう．

　Anthony HymanとMichael Rosenのグループが2017年，細胞内の液-液相分離を多面的に整理した総説の中で，酵素とドロプレットとの関係を原理的に整理している[24]．ここに描かれた酵素の姿は，実験的には再現されていないものが多く，あくまでもイメージにすぎない．それだからこそ，今後の研究の指針になるような魅力的な内容になっている（図5・7）．

　図5・7(a)のように，二つの異なる種類の基質1および基質2を反応させる酵素があるとしよう．ここで，この酵素が一方の基質1と液-液相分離しやすい場合，基質1が増えると液-液相分離し，選択的に基質1の反応が進むことになる．一方，酵素が基質1とドロプレットを形成した場合には，基質2は反応に参加できなくなる．このような性質をもつ酵素と基質の組合せがある場合，酵素と一方の基質との反応だけを調べても本当の働きはわからないだろう．図5・7に描かれてあるように，一つの基質だけを対象に酵素活性を調べると，試験管内ではいずれの酵素の反応も等しいからだ．しかし，2種類の基質を混ぜて反応させてみると，ドロプレットを形成すると仮定すると，二つの反応パターンに分かれる．ドロプレットを形成しない条件では，酵素は基質1と基質2に対して同じ活性を示す．しかし，pHの変化などによって酵素と基質1がドロプレットを形成すれば，基質1に対する酵素活性が増加し，基質2に対する活性が低下するということが生じる．

　図5・7(b)の場合を考える．酵素とは別に，ドロプレットの足場となるタンパク質が時間とともに成熟することがあるとしよう．次章で紹介するように筋萎縮性側索硬化症の原因になるとされるFUSは，相分離してドロプレットをつくった後，時間とともにクロスβ構造による分子間の会合が進む[25]．このような性質があるドロプレットは，時間とともに高分子の動きが阻害されて拡散しにくくなるため，大きな基質や生産物は影響を受けるだろう．すなわち，ドロプレットが形成されて活性の高い場ができた後，徐々にその場が機能しなくなるような変化が生じる．このようなクラウディング（混み合い）環境が時とともに変化するというイメージも，細胞内の酵素を考えるときには重要な視点になる．

　図5・7(c)のように，基質がドロプレットに取込まれる場合もあるだろう．酵素が

ドロプレットに取込まれないのであれば，基質は酵素反応の影響を受けないことになる．不要なときに基質をドロプレットにして保存しておき，必要なタイミングでドロプレットが溶解して基質が放出されるとすれば，ドロプレットは資材置き場のような働きを担うことが可能だ．細胞内にある中心体の周りにはドロプレットがあり，微小管ポリメラーゼZYG-9や微小管安定化タンパク質TPXL-1などが含まれており，基質となるチューブリンが数倍に濃縮されている[26]．このドロプレットは，必要なタイミングがくるまで，中心体を構築する微小管の材料や組立てに関わるタンパク質をストックする働きがある．

図5・7(d)のように，基質となる分子を集めておくことで，必要となる反応に備えたり，また，不要なタンパク質を一次的に不活性化しておいたりする働きも想定でき

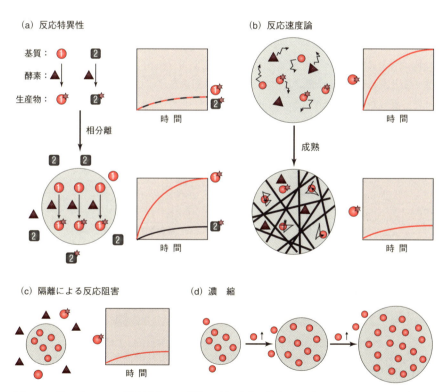

図5・7 ドロプレットの酵素反応への影響 (a) 酵素が特定の基質とドロプレットを形成する場合. (b) ドロプレットが成熟して動きにくくなる場合. (c) 基質がドロプレットを形成して隔離される場合. (d) 基質や酵素などがドロプレットに蓄積される場合. [S. F. Banani *et al.*, 'Biomolecular condensates: organizers of cellular biochemistry', *Nat. Rev. Mol. Cell Biol.*, **18**(5), 285-298 (2017) より改変.

るだろう．細菌の細胞骨格タンパク質 FtsZ（filamenting temperature-sensitive mutant Z）は，核様体にある DNA 結合タンパク質 SlmA（synthetic lethal with a defective min system）とともにドロプレットを形成することが報告されているが[27]，このように細胞分裂時に多量に必要になるタンパク質を仮置きするような働きも明らかになってきている．

以上の考察は一つの酵素を対象に考察したものだが，連続反応にもこの見方を展開できる．むしろ，複数の酵素によるドロプレットを考えた方がおもしろくなるだろう．たとえば四つの連続反応を考えよう（図5・8）．酵素 E1 が基質 S を中間体 I1 へと変換させる反応を触媒するとする．このとき，E2 の距離が遠い場合，10 nm 以上も離れていると連続反応が進まない[2]．その結果，反応速度が 100 分の 1 に低下すると計算してみても，基質 S からスタートして中間体三つを経て，最終的に生産物 P を得るためには 1 億分の 1 にまで下がる．しかも，反応中間体が不安定な場合，連続反応が続くほどドロプレットの形成が不可欠であると理論的に考察されている[26]．細胞内にある代謝産物の多くは"反応中間体"である（図5・2）．このような考察をふまえると，必要な部分は酵素がドロプレットを形成していて，反応が進んでいると考えた方がわかりやすいだろう．

(a) 連続反応の概念図

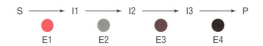

(b) ドロプレットによる酵素の集積　　　(c) 基質を集積させる反応場

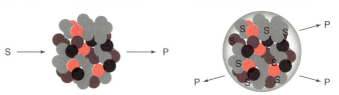

図5・8　連続反応の概念図　　E1 から E4 は酵素．S は基質，P は生産物．I1 から I3 は反応中間体．(a) 4 種類の酵素による四つの連続反応．溶液中に酵素がそれぞれ分散しているようなケースではこのような反応は現実的には進まない．(b) 酵素がドロプレットを形成すると連続反応が進む．(c) 基質を集積させるような働きがプラスアルファあれば，さらに活性が上がるだろう．

ドロプレットに酵素や基質を集積させるために，それ以外の物質が使われるような系も考えられるだろう．先述のように，巨大な RubisCO を集積させるための EPYC1

のような分子があるのは好例である．ほかにも，次節で詳述するように，静電相互作用によって基質を集めやすくする仕組みがあれば，酵素反応は進みやすくなる．

5・7　酵素超活性と反応場

酵素反応は，酵素学の実験では希薄な酵素濃度で測定することが多い．酵素同士の相互作用がなく，基質が過剰に含まれ，酵素が最大の働きを示すことができる条件で測定したいためである．その結果，酵素と基質との結合を表すミカエリス定数（K_M）や，酵素の触媒効率を表す触媒効率（k_{cat}）など，単位をもつ値を再現性よく決定することができる．しかし，酵素学で求めたパラメーターは理想条件のものであり，細胞内の条件を反映したものではない．

それでは，酵素や基質と共存する第三の成分，たとえばポリマーや低分子化合物，イオンなどが酵素活性にどのくらい影響を及ぼすものなのだろうか？ ここで二つのシンプルなモデル研究の例を紹介したい．ポリマーやイオンが共存するだけで酵素活性が一桁以上も増加するケースがある．

プロテアーゼの一種であるキモトリプシンに，高分子電解質であるポリアリルアミンとポリアクリル酸の酵素活性に与える影響を調べた報告がある[29]（図5・9）．ポリ

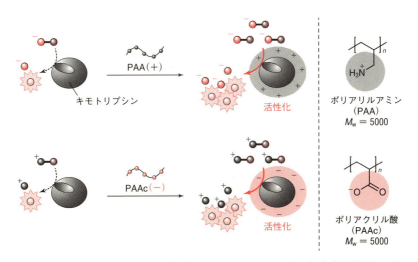

図5・9　酵素超活性化の実験　正電荷をもつポリアリルアミン（PAA）と負電荷をもつポリアクリル酸（PAAc）を酵素溶液に加えると，ポリマーが酵素を包んで静電的な反応場ができる．そのため，反対の電荷をもつ基質に対して活性が明らかに増加する現象が観察できる．［T. Kurinomaru *et al.*, 'Enzyme hyperactivation system based on a complementary charged pair of polyelectrolytes and substrates', *Langmuir*, **30**(13), 3826-38231 (2014) より改変］

アリルアミンは正電荷を，ポリアクリル酸は負電荷をもっているポリマーである．

キモトリプシンに正電荷のポリアリルアミンを加えておくと，両者は弱く相互作用する．その結果，キモトリプシンの周りが正電荷を帯び，その結果，負電荷をもつ基質に対して親和性が上がる．実際に活性を調べてみると，何も加えないときと比べて17倍も活性が増加した．逆に，キモトリプシンに負電荷のポリアクリル酸を加えておくと，正電荷をもつ基質に対して活性が7倍に増加した．このような結果からも明らかなように，酵素は他の分子と共存することで何らかの弱く非特異的な弱い相互作用をし，その結果，活性が一桁も増加する可能性があるのだ．逆にみると，むしろ希薄な緩衝液中での"理想溶液"では，酵素の活性が存分に発揮できていない可能性がある．

イオンの効果も見てみよう．塩を水溶液に加えるとプラスイオンとマイナスイオンに分かれる．その結果，タンパク質などの溶質の周りに対イオンが集まりやすくなる．つまり，タンパク質などの溶質が溶けており，溶質の分子間に静電的な引力や反発力が働いていれば，静電相互作用が弱められることになる．このような働きを**静電遮蔽**という．

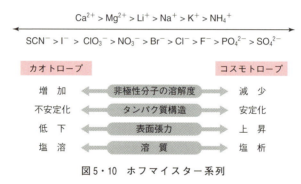

図5・10 ホフマイスター系列

イオンによって一般にタンパク質分子間の静電遮蔽効果が現れるが，さらにイオンの種類によってタンパク質へのイオンの結合のしやすさが異なるという性質がある（図5・10）．たとえば，硫酸イオンは水に馴染みやすいため，タンパク質に結合しにくい性質がある．その結果，ミクロに見れば，硫酸イオンが含まれた水溶液ではタンパク質は立体構造が安定化され，会合や凝集も進める働きになる．逆の効果を示すのがチオシアン酸イオンである．チオシアン酸イオンはタンパク質に結合しやすい性質があるため，タンパク質の立体構造を壊す働きがある．このように，タンパク質に結合しにくい性質のあるイオンを**コスモトロープ**，結合しやすいものを**カオトロープ**という．

マクロにみると，コスモトロープはタンパク質を析出させ，カオトロープはタンパク質をよく溶かす性質になる．塩を加えるとこのように溶質が溶けたり溶けなかったりするという現象を最初に論文に報告したのは Franz Hofmeister である[30]．今から1世紀以上も前の 1880 年代から 1890 年代にかけて，Hofmeister らは，血清や卵白や膠などに塩を混ぜるとタンパク質を沈殿させやすいものとよく溶かすものがあるという一連の論文をドイツ薬理学専門誌に報告した．発見者の名前をとり，沈殿させやすさのイオンの並びを**ホフマイスター系列**という．日本語では**離液系列**という．

イオンの種類を系統的に変化させてタンパク質の構造や活性への影響を調べた報告を見てみたい[31]．キモトリプシンに 1.5 M のヨウ化ナトリウムやチオシアン酸ナトリウム（カオトロープ）を加えると活性は低下した．遠紫外の円偏光二色性スペクトルによると立体構造が壊れてしまっているので，活性も低下したのだということがわかる．

興味深いのは，コスモトロープの効果である．1.5 M の硫酸ナトリウムを加えておくと，活性が 20 倍も増加したのである．このコスモトロープによる活性化の理由を酵素学的に調べたところ，ミカエリス定数（K_M）の低下と触媒効率（k_{cat}）の増加の両方の効果が組合わさったものであることがわかった．この効果を考えてみると，コスモトロープの溶液中でミカエリス定数が低下したということは，酵素と基質との親和性が増加したことを意味する．また，触媒効率の増加は，コスモトロープによってキモトリプシンの高次構造が安定化するために，活性のある構造を取る可能性が高まったのだと考えられる．

これまでは，酵素活性を測定するとき，他の分子をできるだけ加えない条件で調べられてきたが，ポリマーやイオンなどの第三の成分を加えると活性は一桁以上も増減するのだ（図 5・11）．酵素は基質と反応するが，それ以外の分子とも相互作用する．このようないわば当り前の事実がどう影響するのかも，ほとんど調べられてこなかったのである．今後はこのような第三成分の非特異的な相互作用による酵素活性や安定

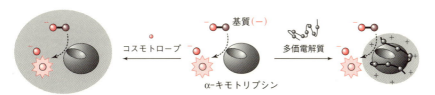

図 5・11　工学的な酵素反応場の形成法　正電荷をもつポリマーによって静電的に親和性を増強させる方法（右）や，コスモトロープによって疎水性相互作用を強める方法（左）などがある．［A. Endo *et al.*, 'Hyperactivation of serine protease by the Hofmeister effect', *Molecular Catalysis*, **455**, 32-37 (2018) より改変］

性への影響もきちんと調べなければならない．液-液相分離はそのわかりやすい状態の一つである．

第5章の参考文献

1. P. A. Srere, 'Complexes of sequential metabolic enzymes', *Annu. Rev. Biochem.*, **56**, 89-124 (1987).
2. P. Bauler *et al.*, 'Channeling by proximity: the catalytic advantages of active site colocalization using Brownian dynamics', *J. Phys. Chem. Lett.*, **1**, 1332-1335 (2010).
3. T. S. Moon *et al.*, 'Use of modular, synthetic scaffolds for improved production of glucaric acid in engineered *E. coli*', *Metab. Eng.*, **12(3)**, 298-305 (2010).
4. M. Castellana *et al.*, 'Enzyme clustering accelerates processing of intermediates through metabolic channeling', *Nat. Biotechnol.*, **32(10)**, 1011-1018 (2014).
5. S. An *et al.*, 'Reversible compartmentalization of de novo purine biosynthetic complexes in living cells', *Science.* **320(5872)**, 103-106 (2008).
6. M. E. Campanella *et al.*, 'Assembly and regulation of a glycolytic enzyme complex on the human erythrocyte membrane', *Proc. Natl. Acad. Sci. USA*, **102(7)**, 2402-2407 (2005).
7. R. Narayanaswamy *et al.*, 'Widespread reorganization of metabolic enzymes into reversible assemblies upon nutrient starvation', *Proc. Natl. Acad. Sci. USA*, **106(25)**, 10147-52 (2009).
8. M. C. Good *et al.*, 'Scaffold proteins: hubs for controlling the flow of cellular information', *Science*, **332(6030)**, 680-686 (2011).
9. D. K. Ray *et al.*, 'Yield trends are insufficient to double global crop production by 2050', *PloS One*, **8(6)**, e66428 (2013).
10. S. P. Long *et al.*, 'Meeting the global food demand of the future by engineering crop photosynthesis and yield potential', *Cell*, **161(1)**, 56-66 (2015).
11. J. Kromdijk *et al.*, 'Improving photosynthesis and crop productivity by accelerating recovery from photoprotection', *Science*, **354(6314)**, 857-861 (2016).
12. L. Mackinder, 'The Chlamydomonas CO_2^- concentrating mechanism and its potential for engineering photosynthesis in plants', *New Phytol.*, **217(1)**, 54-61 (2018).
13. B. D. Engel *et al.*, 'Native architecture of the Chlamydomonas chloroplast revealed by in situ cryo-electron tomography', *Elife*, **4**, pii: e04889 (2015).
14. T. O. Yeates *et al.*, 'Protein-based organelles in bacteria: carboxysomes and related microcompartments', *Nat. Rev. Microbiol.*, **6(9)**, 681-691 (2008).
15. O. N. Borkhsenious *et al.*, 'The intracellular localization of ribulose-1, 5-bisphosphate carboxylase/oxygenase in *Chlamydomonas reinhardtii*', *Plant Physiol.*, **116(4)**, 1585-1591 (1998).
16. E. S. F. Rosenzweig, *et al.*, 'The eukaryotic CO_2^- concentrating organelle is liquid-like and exhibits dynamic reorganization', *Cell*, **171(1)**, 148-162.e19 (2017).
17. A. Küken *et al.*, 'Effects of microcompartmentation on flux distribution and metabolic pools in Chlamydomonas reinhardtii chloroplasts', *Elife*, **7**, pii: e37960 (2018).
18. T. Yamano *et al.*, 'Characterization of cooperative bicarbonate uptake into chloroplast stroma in the green alga Chlamydomonas reinhardtii', *Proc. Natl. Acad. Sci. USA*, **112(23)**, 7315-7320 (2015).
19. O. D. Caspari, 'Pyrenoid loss in *Chlamydomonas reinhardtii* causes limitations in CO_2 supply, but not thylakoid operating efficiency', *J. Exp. Bot.*, **68(14)**, 3903-3913 (2017).
20. L. C. Mackinder *et al.*, 'A repeat protein links Rubisco to form the eukaryotic carbon-concentrating organelle', *Proc. Natl. Acad. Sci. USA*, **113(21)**, 5958-5963 (2016).
21. T. Wunder, 'The phase separation underlying the pyrenoid-based microalgal Rubisco supercharger', *Nat. Commun.*, **9(1)**, 5076 (2018).
22. C. D. Reinkemeier *et al.*, 'Designer membraneless organelles enable codon reassignment of selected mRNAs in eukaryotes', *Science*, **363(6434)**, pii: eaaw2644 (2019).
23. H. Aigner *et al.*, 'Plant RuBisCo assembly in *E. coli* with five chloroplast chaperones including BSD2', *Science*, **358(6368)**, 1272-1278 (2017).

24. S. F. Banani *et al.*, 'Biomolecular condensates: organizers of cellular biochemistry', *Nat. Rev. Mol. Cell Biol.*, **18**(5), 285-298 (2017).
25. M. Kato *et al.*, 'Cell-free formation of RNA granules: low complexity sequence domains form dynamic fibers within hydrogels', *Cell*, **149**(4), 753-767 (2012).
26. J. B. Woodruff *et al.*, 'The Centrosome is a selective condensate that nucleates microtubules by concentrating tubulin', *Cell*, **169**(6), 1066-1077 (2017).
27. B. Monterroso *et al.*, 'Bacterial FtsZ protein forms phase-separated condensates with its nucleoid-associated inhibitor SlmA', *EMBO Rep.*, **20**(1), pii: e45946 (2019).
28. M. Castellana *et al.*, 'Enzyme clustering accelerates processing of intermediates through metabolic channeling', *Nat. Biotechnol.*, **32**(10), 1011-1018 (2014).
29. T. Kurinomaru *et al.*, 'Enzyme hyperactivation system based on a complementary charged pair of polyelectrolytes and substrates', *Langmuir*, **30**(13), 3826-3831 (2014).
30. W. Kunz *et al.*, 'Zur Lehre von der Wirkung der Salze (about the science of the effect of salts): Franz Hofmeister's historical papers', *Curr. Opin. Coll. Int. Sci.*, **9**(1-2), 19-37 (2004).
31. A. Endo *et al.*, 'Hyperactivation of serine protease by the Hofmeister effect', *Molecular Catalysis.*, **455**, 32-37 (2018).

6
アミロイドと低分子コントロール

　水溶液中のタンパク質の状態は，物質の3状態になぞらえることができる（図6・1）．タンパク質の"気体"は，タンパク質が水溶液中に分散している状態である．タンパク質の分子間に非特異的な相互作用がない理想的な状態のことをさし，この状態の研究によって分子生物学や構造生物学は発展してきた．タンパク質の"液体"は本書の主題であるドロプレットを形成した状態である．流動性はあるがタンパク質は互いに接触する位置にあって相互作用している状態だ．そしてタンパク質の"固体"もある．それは不溶性の凝集体に相当し，分子間の相互作用が強いために流動性はない状態である．本章では，タンパク質の"固体"に相当するアミロイドについて整理したい．アミロイドもまた，液-液相分離という状態の研究が登場して見方が変わりつつあるテーマである．

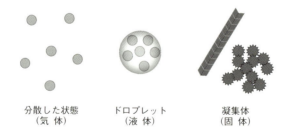

図6・1　物質の3状態とタンパク質の状態　タンパク質はわかりやすく描くと三つの状態をとる．しかし，タンパク質の状態変化は明確な境界がある相転移とは異なり，"液体"と"固体"の間にあるゲルや，"気体"と"液体"の間にあるクラスターなど多様な状態がある．

6・1　アミロイドとは

　アミロイド（amyloid）とは，規則正しい直鎖状の構造をもつタンパク質の凝集体

のことをいう（図6・2）．アミロイド線維（amyloid fibril）ということもある．形状は繊維だが，医学用語では線維という漢字を用いる．アミロイドはタンパク質の主鎖が水素結合したクロスβ構造によって分子間で会合しており，プロテアーゼへの耐性が高く，加熱や酸などのストレスに対しても安定である．アミロイド線維の生物物理学的な特徴として，顕微鏡で観察すると分岐のない線維状の構造をしており，チオフラビンTやコンゴーレッドなどの色素で染まり，X線を照射するとβストランド間に相当する約4.7 Å（0.47 nm）とβシート間に相当する約10 Å（1 nm）に同心円状の回折パターンが得られる．このヒモ状の構造がさらにより合わさるように太くなるものもある[1]．

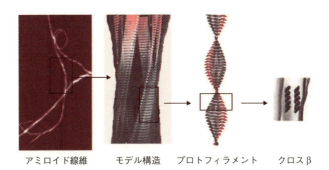

アミロイド線維　　モデル構造　　プロトフィラメント　　クロスβ

図6・2　アミロイドの階層的な構造のモデル　　［M. Stefani, 'Protein misfolding and aggregation: New examples in medicine and biology of the dark side of the protein world', *Biochim. Biophys. Acta.*, **1739**(**1**), 5-25（2004）より］

アミロイドは生体内に生じると疾患の原因になると考えられてきた．最初の発見はアルツハイマー型認知症との関連であった．ドイツの医学者 Aloysius Alzheimer が認知障害の患者を報告した1906年には，すでに患者の脳内に異常なしみ（プラーク）があることが知られていた．このプラークに短いペプチド（**アミロイドβ**）の凝集体が含まれることが報告されたのは1985年のことである[2]．この報告によって，タンパク質の凝集について広く興味がもたれるようになっていった．

緩徐進行性の運動障害であるパーキンソン病は，英国の医師 James Parkinson が振戦麻痺の症状を報告した1817年には確認されていた疾患である．それから1世紀後の1917年，パーキンソン病患者のニューロンに奇妙な小器官が発見され，**レビー小体**と名付けられた．その後しばらく，レビー小体と疾患との関わりははっきりしなかったが，1997年，**αシヌクレイン**遺伝子の変異がパーキンソン病を発症させることがわかり[3]，分子レベルでの研究が一気に進展した．

アルツハイマー型認知症とパーキンソン病の分子機構の異同は，現在までの研究成果をおおまかに整理すると次のようになる[4]．いずれも3種類のタンパク質（アミロイドβ，αシヌクレイン，タウタンパク質）の凝集が疾患に関わっている．アルツハイマー型認知症のタンパク質凝集体はアミロイドβが主成分で，細胞外に沈着が起こる．パーキンソン病の凝集体はαシヌクレインが主成分で，細胞内にレビー小体とよばれる凝集体として蓄積する．症状としては，アルツハイマー型認知症が認知力や記憶力の低下や徘徊などにかかわる認知症の一種で，パーキンソン病が振戦と固縮，無動の三つの兆候を特徴とする運動障害をひき起こす疾患である．

ほかにアミロイドと疾患との関連がわかってきているものとして，狂牛病やヒツジのスクレイピーなどにかかわるプリオンタンパク質，透析アミロイドーシスの$β_2$ミクログロブリン，2型糖尿病の膵島アミロイドポリペプチド，筋萎縮性側索硬化症のFUSタンパク質などがある．

6・2 タンパク質はアミロイドになる

アミロイドは，疾患と関係しないタンパク質でも試験管内で形成させることが可能だ．最初の報告はケンブリッジ大学のChristopher Dobsonらによるウシの筋肉由来のミオグロビンのアミロイドだった[5]．*Nature*誌に寄せた1ページと6行の短いブリーフ・コミュニケーションに，ミオグロビンの結晶構造とともにアミロイド化したミオグロビンの電子顕微鏡像が記載されている（図6・3）．遠紫外の円偏光二色性スペクトルで見ると確かにネイティブ構造のαヘリックス構造からアミロイドのもつβシート構造に転移していることがわかる．X線線維解析をしても，アミロイドの証拠となるクロスβに相当する4.6 Å（0.46 nm）と10.1 Å（1.01 nm）に回折がみられる．

ほかにもさまざまなタンパク質がアミロイド化する．血清アルブミンやヒストンなど36種類ものタンパク質を網羅的に調べたところ，pH 2の酸性条件で57 ℃で保温しておくと，7割ものタンパク質がアミロイド線維のような構造を形成するという報告がある[6]．この論文で明らかにされたアミロイド様の構造を形成するタンパク質として，デヒドロゲナーゼやリゾチームのような酵素や，タンパク質の分解タグとして使われる小型のユビキチンや，DNAを巻きつけるヒストン，卵白の主成分であるオボアルブミンなど実に多岐にわたる（表6・1）．

一般にタンパク質は，試験管内で少し加温するか，振とうするか，pHを酸性にするなどのタンパク質の高次構造を壊すような条件にさらすとアミロイドを形成するものが多い．アミロイドの構造はペプチド主鎖が分子間でβシート構造を形成するクロスβ構造をもつため，きちんとフォールドしたタンパク質よりもふらふらした構

表6・1 38種類のタンパク質が形成するアミロイド[a]

タンパク質	由　来	アミロイドの直径 [Å]	アミロイドの形状[†]	残基数
アルコールデヒドロゲナーゼ	酵母	4.6 ± 0.5	MF	348
カルボニックアンヒドラーゼ	ウシ	3.8 ± 0.3	MF	260
グリセルアルデヒド-3-リン酸デヒドロゲナーゼ	ウサギ	6.3 ± 1.8	MF	333
ヘモシアニン	カブトガニ	7.5 ± 1.0	MF	628
α-ラクトアルブミン	ウシ	4.1 ± 0.2	MF	123
β-ラクトグロブリン	ウシ	4.5 ± 0.5	MF	162
リゾチーム	鶏卵	4.1 ± 0.5	MF	129
ヌクレオチドピロホスファターゼ	ヒガシダイヤガラガラヘビ	5.3 ± 0.6	MF	—
パパイン	パパイヤ	5.1 ± 0.7	MF	212
プロテイナーゼK	*Tritirachium album*	4.8 ± 0.5	MF	279
スーパーオキシドジスムターゼ	ウシ	4.2 ± 0.3	MF	151
サーモリシン	*Bacillus thermoproteolyticus*	4.1 ± 0.4	MF	316
アポトランスフェリン	ウシ	4.7 ± 0.4	MF	704
トリプシノーゲン	ウシ	6.6 ± 1.0	MF	231
ユビキチン	ウシ	5.1 ± 0.3	MF	76
アミノアシラーゼ1	ブタ	6.0 ± 0.9	MF	407
オボトランスフェリン	鶏卵	5.2 ± 1.5	MF	686
トリプシン	ウシ	5.9 ± 1.2	MF	223
アルブミン	ウシ	3.0 ± 1.0	IF	607
アスパラギン酸アミノトランスフェラーゼ	ブタ	2.0 ± 0.6	IF	412
コンカナバリンA	ジャック豆	1.2 ± 0.2	IF	237
フィシン	イチジクの木	1.6 ± 0.4	IF	—
グルコース-6-リン酸デヒドロゲナーゼ	酵母	1.5 ± 0.2	IF	505
ヒストンH2A	ウシ	1.9 ± 0.7	IF	129
ヒアルロニダーゼ	ウシ	1.7 ± 0.4	IF	—
インベルターゼ	酵母	1.2 ± 0.1	IF	532
オボアルブミン	鶏卵	2.7 ± 0.4	IF	386
ロダネーゼ	ウシ	1.3 ± 0.3	IF	293
アルドラーゼ	ウサギ	—	NF	363
cAMP依存性プロテインキナーゼ	ウシ	—	NF	288
シトクロム*c*	ウシ	—	NF	104
エステラーゼ	ウサギ	—	NF	534
ラクトペルオキシダーゼ	ウシ	—	NF	712
リパーゼ	酵母	—	NF	534
ペプシノーゲン	ブタ	—	NF	386
ホスホリラーゼa	ウサギ	—	NF	842
ペプシン	ウシ	—	NF	326
リボヌクレアーゼA	ウシ	—	NF	124

a) Y. Aso *et al.*, 'Systematic analysis of aggregates from 38 kinds of non disease-related proteins: identifying the intrinsic propensity of polypeptides to form amyloid fibrils', *Biosci. Biotechnol. Biochem.*, **71**(5), 1313-1321 (2007) より改変.
[†] "MF" は mature fibril の略で直鎖状の伸びたアミロイド様の構造を, "IF" は inmature fibril の略で曲がった短いアミロイドを, "NF" は no fibril の略でアミロイドのような凝集体が観察されなかったものを意味する.

造をもったタンパク質の方がアミロイド化しやすい．ちなみにイソロイシンとフェニルアラニンの二つのアミノ酸からなるジペプチドでもアミロイドのような構造をつくる[7]．このような結果からもわかるように，ペプチド鎖にはそもそもアミロイド様の会合体を形成しやすい性質があるのだと考えられる．

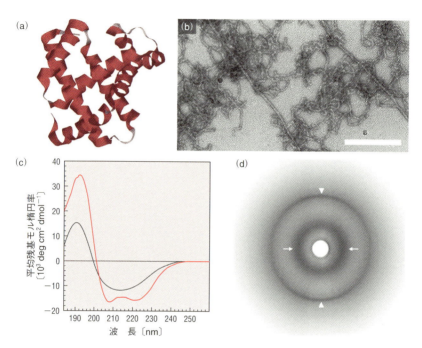

図6・3 ミオグロビンのアミロイド （a）リボンモデルで描いたミオグロビンのネイティブ構造．（b）透過型電子顕微鏡によるミオグロビンのアミロイド像．バーは300 nm．（c）遠紫外CDスペクトル．赤線はネイティブ構造，灰線はアミロイド．（d）アミロイドのX線回折像．[M. Fändrich et al., 'Amyloid fibrils from muscle myoglobin', Nature, **410**(**6825**), 165-166 (2001) より]

6・3 FUSと液-液相分離

FUS（RNA-binding protein fused in sarcoma）を基に，タンパク質の"3状態"と疾患との関連について詳細を見ていきたい．FUSはRNA結合タンパク質の一種で，固有の構造をもたない低複雑性ドメインをもった天然変性タンパク質である．FUSは核内に豊富にあり，DNA修復やRNAの合成などの働きがあるとされる[8]．2009年に*FUS*遺伝子の変異が筋萎縮性側索硬化症（いわゆるALS）や前頭側頭葉変性症に

関連するという報告があってから研究が一気に進み[9),10)]，現在では約100種類ものFUSの変異体が患者から同定されている[11)].

FUSは526個のアミノ酸からなるタンパク質で，N末端側の約220残基は構造をもたない低複雑性ドメインがある（図6・4）．N末端側の165残基の8割がグリシン（G）・セリン（S）・グルタミン（Q）・チロシン（Y）の4種類のアミノ酸からなるという極端な組成をもっており，"G/S・Y・G/S"という三つ組が27個並ぶ．

図6・4 FUSのアミノ酸配列 多くのRNA結合タンパク質と同様に，低複雑性ドメインとアルギニンとグリシンをもつRGGモチーフと核移行シグナルがある．

Steven McKnightの研究チームは2012年，FUSを精製して高濃度にすると低複雑性ドメインが会合してゲル状のドロプレットになることを示し，Cell誌に2本のフルペーパーを投稿している[12),13)]．試験管内でタンパク質が細胞内にあるようなドロプレットを形成することを初めて証明した論文で，第1章でもふれたようにこの報告が相分離生物学のはじまりだといっていいだろう．

一連の論文では，FUSのほか，RBM3やhnRNPA2など6種類のRNA結合タンパク質の性質を調べている．その結果，このような低複雑性ドメインをもった天然変性タンパク質は，流動性のあるヒドロゲルを形成することがわかった．また，このヒドロゲルをX線線維回折法によって調べると，アミロイドに特徴的な回折パターンが得られることもわかった．ゲルの中にはクロスβ構造による分子間の会合があることを意味する．微小なアミロイドが網目を形成してドロプレットを安定化しているのだろう．この論文の第一著者であるMasato KatoはMcknightとともに，その後も低複雑性ドメインがクロスβ構造で分子間会合するメカニズムについて研究を深めており，これが生物学的相分離の重要な役割を担っている可能性がある．

2015年には，Anthony HymanとSimon Albertiらが，FUSタンパク質のアミロイド化とドロプレットとの関連について重要な報告をしている[14)]．FUSはもともとDNA修復のために働くタンパク質としても知られていたが，この論文で明らかにしたことは，FUSがドロプレットになり"反応場"をつくっているということである（図6・5）．

整理すると，FUSには表の顔と裏の顔がある．まず，FUSの"表の顔"は，ドロプレットを形成してDNA修復の反応場をつくるという働きである．DNAの二本鎖が切断されるとFUSが中心となり，他の低複雑性ドメインをもつタンパク質とドロ

プレットを形成する．このドロプレットに DNA を修復するタンパク質が集まってくるのだ．これが本来の FUS の役割である．一方，FUS には"裏の顔"もある．試験管内での実験から考えると，FUS はクロス β で会合しやすい性質があり，ドロプレットを形成したのち，しばらく時間が経つと固体状のアミロイドへと成熟してしまう．FUS がアミロイドになると，細胞内に沈着して細胞機能に障害を与え，やがて（このプロセスはまだ未知だが），筋萎縮性側索硬化症などの神経変性疾患の発症につながるのだろう．

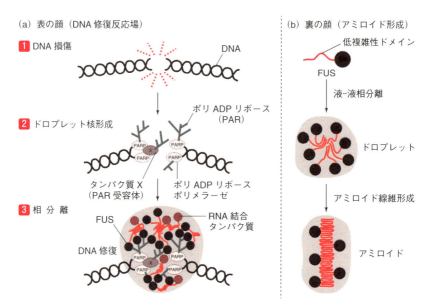

図 6・5　FUS の二つの顔　FUS はドロプレットを形成して DNA 修復の反応場となる領域を形成するが（a），低複雑性ドメインがクロス β で分子間会合するため，やがてアミロイドへと成熟する（b）．[A. Patel *et al.*, 'A liquid-to-solid phase transition of the ALS protein FUS accelerated by disease mutation', *Cell*, **162**(5), 1066-1077 (2015) より改変]

6・4　相分離シャペロン

　液-液相分離の研究が本格化した 2018 年で最もインパクトのある登場をしたのが核内輸送受容体（NIR）と RNA 結合タンパク質であった．生物学の分野で最高峰の学術誌 *Cell* 誌の 2018 年 4 月 19 日号に，四つの研究グループから，このテーマに関して液-液相分離と関連づけた 4 本の論文が並んで報告されたからだ[15]〜[18]．

　FUS の C 末端側には核移行シグナルがあり，ここに変異が入ると筋萎縮性側索硬化症などの重篤な神経変性疾患が発症するが，メカニズムがわからなかった．RNA

結合タンパク質の核移行シグナルと相互作用するのが，核内輸送受容体カリオフェリン-β2（Karyopherin-β2, Kapβ2）である．（図6・6）．

Kapβ2はαヘリックスに富んだ大きなタンパク質である．今回，Kapβ2がRNA結合タンパク質の核内輸送シグナルを認識してこのタンパク質を核内に輸送するだけでなく，核移行シグナルをもったRNA結合タンパク質（FUSのほか，TAF15やhnRNPA1，hnRNPA2など）のドロップレットの形成や線維化も抑制することを明らかにした．

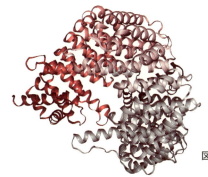

図6・6 **Kapβ2の結晶構造**
PDBコード：1QGK.

FUSはばらばらに分散した状態から，液-液相分離したドロップレット，流動性が少し低下したヒドロゲル，流動性のない固体状のアミロイド線維までさまざまな状態になる．イオン強度が低いと線維状のより硬い構造をつくりやすく，イオン強度が高いと分散した構造になりやすい．また，ドロップレットが形成されるとヒドロゲルのように相互作用が強まっていき，やがて線維化するという成熟もみられる．このような成熟が進むのは，相互作用のドライビングフォース（駆動力）が時とともに変化することが関係するのだろう（§9・3）．ドロップレットの形成には静電相互作用やカチオン-π相互作用が関わるが，主鎖の間でのクロスβによって安定な相互作用をするタンパク質の場合，やがて規則正しいアミロイド線維へと成熟していくのかもしれない．

このように，核内への輸送に関わると考えられていたKapβ2は，もう一つの役割をもつことがわかったのである（図6・7）．まず，Kapβ2はこれまで知られていたように，RNA結合タンパク質の核移行シグナルと相互作用することで，そのタンパク質を核内に輸送する働きがある．それ以外に，Kapβ2はRNA結合タンパク質がつくるドロップレットやアミロイドを溶かすシャペロン（§7・4）としての働きがあったのだ．つまり，Kapβ2はただタンパク質を核内に運ぶだけの役割をもっているのではない．その前に，ドロップレットやアミロイドを形成しているタンパク質をKapβ2がほぐして取出す役割ももっていたのだ．いわば積荷から運搬までの仕事をしていたのである．

このように，核内輸送受容体 Kapβ2 が，まず核内輸送タンパク質としての働きが発見され，相分離シャペロンとしての働きの発見が遅れたのにはもちろん研究上の理由がある．RNA 結合タンパク質と核内輸送受容体は安定な相互作用を形成するために検出しやすいが，液-液相分離した状態を溶解するような弱い相互作用による働きは，分子を見ていても発見できないからだ．これから，細胞内でのドロプレットを溶

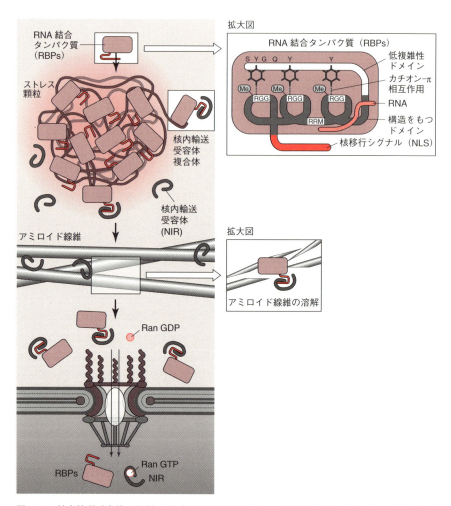

図 6・7 核内輸送受容体の役割 核内輸送受容体 Kapβ2 は核移行シグナルをもつタンパク質を核内に輸送する働きがあるが，同時にドロプレットやアミロイドの形成を防ぐ"相分離シャペロン"としての働きがあった．[S. Mikhaleva *et al*., 'Beyond the transport function of import receptors: What's all the FUS about?', *Cell*, **173**(3), 549-553 (2018) より改変]

解させる働きをもった新しい相分離シャペロンも発見されていくだろう．

　一連の論文をふまえると，筋萎縮性側索硬化症などの創薬のターゲットが広がる可能性がある．これまでは，FUSのアミロイド形成を防ぐことだけが目的であったとしても，FUSがドロプレットを形成して成熟することでアミロイドになるのであれば，ドロプレットの形成の抑制もターゲットになる．"固体"のように安定なアミロイドの形成を抑制するよりも，"液体"の性質をもったドロプレットの方が形成を制御しやすいという利点もある．また，ドロプレットの形成を抑制するためには，RNA結合タンパク質のRGGモチーフをメチル化してもいい．そのため，アルギニンメチルトランスフェラーゼの合成を促進するような方法でもいい．さらには別のアプローチとして，Kapβ2の発現レベルを増やしてもいいだろう．いずれのアプローチでも，FUSのアミロイド化が抑制できる可能性がある．

6・5　ATPには別の顔が？

　FUSのドロプレットの形成が低分子でも制御できるという報告があり，このテーマは別の方向からも面白く展開している．細胞内にあるドロプレットが低分子で制御されているのであれば，代謝や転写・翻訳やシグナル伝達などさまざまなテーマに波及する可能性が高い．

　ATP（アデノシン三リン酸）は生物学に登場する低分子化合物では最も有名なものだろう（図6・8）．ATPをADP（アデノシン二リン酸）とリン酸へと加水分解することでエネルギーを取出したり，逆にADPとリン酸を結合してエネルギーを蓄積したりできるため，ATPはエネルギー通貨としてさまざまなタンパク質に利用されている化合物である．

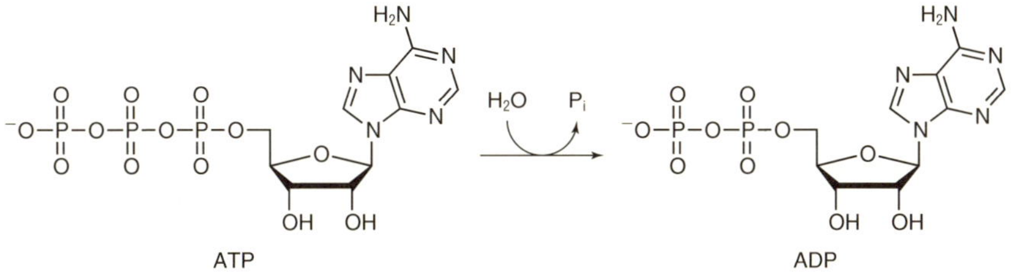

図6・8　ATPの化学構造とADPへの加水分解　　ATPと水分子が反応してADPとリン酸（P_i）が放出される．この分解によってエネルギーが放出される．

　ATPを利用するタンパク質はATPとの親和性がかなり高く，数μMあれば十分に機能すると考えられる．しかし，細胞内には数mMもの高濃度のATPが存在する．

なぜこれだけ高濃度のATPが存在するのだろうか？ もしATPが酵素反応のエネルギー通貨として働くだけなのであれば，高濃度のATPをつくっておく必要はない．なぜなら，ATPはエネルギーを貯蔵するための物質ではなく，一時的にエネルギーを運ぶキャリアーにすぎないからだ．そのため，ATPは数μMで機能するエネルギー通貨としての顔のほかに，数mMで機能する別の顔ももっているという仮説が成り立つ．

ATPの化学構造を改めて見てみると，一方にはリン酸基があり，他方には核酸塩基がある．いわゆる両親媒性の構造をもっているが，このような分子は**ハイドロトロープ**とよばれる（図6・9）．ハイドロトロープは水に溶けにくい化合物を溶液に分散させる働きがあるので，医薬品などの製造に利用される[19]．

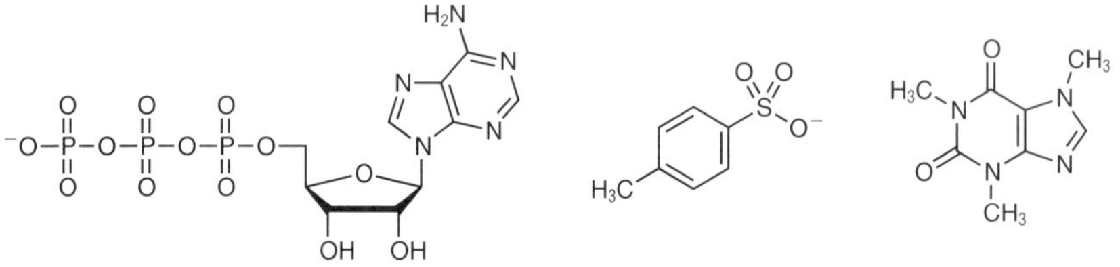

図6・9 **ATPとハイドロトロープの例**

マックスプランク研究所のAnthony Hymanの研究チームは，ATPがハイドロトロープであることを指摘した論文を報告している[20]．ATPが実験的にフルオロセインやアニリノナフタレンスルホン酸などの蛍光分子と相互作用することと，卵白を加熱しても凝集させにくくなるという結果のほか，FUSがつくるドロプレットをATPが抑制することも明らかにした（図6・10）．しかも効果のあるATPの濃度が絶妙で

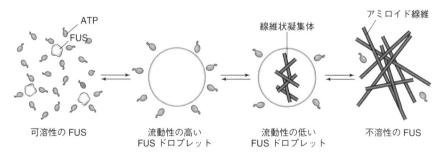

図6・10 **FUSのドロプレットとアミロイドへの成熟**　FUSはATP濃度が薄いときドロプレットを形成する．FUSはドロプレットの中で濃縮されることでアミロイド線維へと成長する．
[A. M. Rice *et al.*, 'ATP controls the crowd', *Science*, **356**(**6339**), 701-702 (2017) より改変]

あった．FUSタンパク質の溶液に1 mMのATPを加えるとドロプレットを形成したが，8 mMではドロプレットを形成しなかったのである．この実験はあくまで試験管内のものだが，細胞内にはこの程度の濃度幅でATPが存在しているので，生理的にも意味がありそうだ．

天然変性タンパク質は同じ種類の分子同士や異種の分子同士で非特異的に相互作用しやすいという性質がある．ここに働くおもな引力は静電相互作用やカチオン-π相互作用などである（§9・3）．一方，アミロイドは同じ種類の分子がクロスβ構造などの規則性の高い会合によって安定化されたものである．この違いをふまえると，細胞内のFUSのアミロイドは，次のように形成しているのではないかと考えられる．

まずFUSが短いクロスβによってドロプレットをつくると，その中では長いアミロイドへと伸長しやすい[21]．細胞内の夾雑した環境に散らばって存在しているよりも，特定の分子だけが集まっている方がアミロイドへと伸長しやすいと考えられるからだ．アミロイドの形成には，凝集核の生成と，そこからの伸長の2段階があると考えられてきたが，FUSの場合，このように，まずドロプレットを形成し，クロスβによって小さな集合体をつくるプロセスがあるのもしれない．このドロプレットの中でアミロイドへと成熟していくのである．

さらに，ドロプレットは液体と液体とが相分離した状態なので，凝集体のように液体から固体が析出するような状態変化よりもはるかに弱い相互作用で安定化されていると考えられる（ちなみに，このようなカチオン-πやクロスβなどの鍵となる相互作用の同定や，熱力学的な定量化は今後の重要な研究課題になる）．そのため，タンパク質の凝集抑制剤が効果を示す数十 mMから数百 mMよりも低濃度である数 mM程度でも形成したり溶解したりしてもおかしくはないだろう．すなわち，代謝産物のような低分子の濃度が少し変わるだけで，ドロプレットの形成によるマクロな生命現象の創発を起こすことも可能になる．こうして小さな分子と巨大な生命とがドロプレット一つでつながってくるのは興味深く，これが相分離生物学のキーコンセプトにもなっている．

この論文の続報を，Anthony HymanとSimon Albertiらの研究チームが報告しているように[22]，FUSだけでなく，TDP-43やEWSR1，TAF15，hnRNPA1などのタンパク質は，いずれも細胞質ではドロプレットをつくりやすく，アミロイドへと伸長する．しかし，核内にはRNAがたくさん含まれているため，RNAがATPと同様にハイドロトロープとして機能し，核内ではドロプレットを形成しにくくなっているのだという．

ドロプレットの硬さについて，8種類の天然変性タンパク質を比較した興味深い研究がある[23]．FUSのように硬いドロプレットをつくりやすいものから，TDP-43の

ように柔らかく球状のドロプレットを形成しやすいものまで、さまざまなタイプがあるという．いずれの天然変性タンパク質のドロプレットの硬さも広い分散値をもつので，組成や時間，温度などによっても変化するのだろう．つまり，RNA 結合タンパク質と RNA が形成する RNA 顆粒の内部は，流動性の低い"固体"に近い領域から流動性の高い"液体"に近い領域までさまざまな状態があるのだと考えられる．

現在のところ、ドロプレットとゲルと凝集体の境目は研究者によってさまざまだが、配列性と可逆性から3種類に分類するとわかりやすい（図6・11）。液-液相分離してできたドロプレットは動的で可逆性がある．境界には物理的な障壁もないため、水分子やタンパク質分子も出入りしている．ただし、ドロプレット内の分子の濃度は一定である．一方、凝集体は分子に配列性があり不可逆に形成されたものである．その中間にあるのがゲルである．細胞内に生じたゲルは、一定の配列性があるために流動性が低いが、可逆性はある．そのために分子に出入りはあるものの、徐々に凝集体へと成熟していくのである．

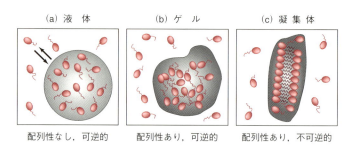

図 6・11 液-液相分離と凝集体の定義　　[Y. Shin *et al.*, 'Spatiotemporal control of intracellular phase transitions using light-activated optoDroplets', *Cell*, **168**(1-2), 159–171 (2017) より改変]

6・6 生物学的相分離の低分子コントロール

ATP や RNA はエネルギー通貨としての生化学的な働きや、情報を運ぶ分子生物学的な働きだけではなく、このように水になじみにくい分子を溶液に分散させる溶液科学としての働きがあるという結果は実に示唆深い．想像してみるといくつかの生命現象の謎を説明できるように思う．

アフリカツメガエルの卵母細胞に観察される核小体は、数百種類の RNA とタンパク質の凝縮体であることが知られている．生体膜で区切られているのではなく、膜のないオルガネラの一種である[24]．そのため、二つの核小体が接触すると普通は融合するが、ATP の濃度が低いと融合しにくくなるという報告がある[25]．このように、ATP

が枯渇すると固く安定な凝縮体になり，やがてアミロイドのような凝集が進むという可能性はあるだろう[26]．これが一つのタンパク質生物学的相分離の低分子コントロールの例である．

代謝が活発に進行している間は細胞質の流動性が上がるという報告がある[27]．つまり，大胆に考えてみると，加齢に伴ってATPの濃度が減少し，タンパク質凝集がより進みやすくなることで神経変性疾患が発症するというような単純な仮説も成立しそうだ．このようなATPのもつハイドロトロープとしての物性が，細胞の老化や代謝などの細胞生理に関係するのなら，教科書が書き換わるほどの基本的な発見になるだろう．生体分子の溶液物性の研究は，生命現象の理解に迫る大きなルートになると考えてよい．

細胞内にあるドロプレットが代謝産物のような低分子によって多様な影響を受けている可能性はあるだろう．一つのヒントとなるのが，深海に棲息する生物の細胞に存在する**オスモライト**である[28]．オスモライトとは海洋生物学者 Paul Yancey らが命名した分子の総称で，浸透（osmosis）と溶ける物質（-lyte）からつくった造語である．Yancey らは1980年代，深海魚や貝類などの細胞に高濃度含まれている分子を探し，それをオスモライトと名付けた．オスモライトとして発見されたものに，プロリンやタウリンのようなアミノ酸とその誘導体や，ベタインのような両親媒性のメチルアンモニウム類，スクロースやグリセロールのような糖類や多価アルコールなどがある．これらは代謝産物として必要となる濃度よりはるかに濃い数百mMも細胞内に蓄積されているのが特徴だ．

オスモライトは適合溶質という別名があるように，タンパク質の構造や機能に悪影響を及ぼさない．そのために，細胞に浸透圧の耐性をもたせるだけでなく，試験管内でタンパク質を安定化させる添加剤としての応用も進んでいる．たとえば，タンパク質の尿素変性を補償する（トリメチル）アミンオキシドや，熱による化学劣化を防ぐアミン化合物，タンパク質の凍結や凍結乾燥の耐性を上げるトレハロースなどがある[29]．事実，オスモライトである（トリメチル）アミンオキシドが存在すると，RNA結合タンパク質 TDP-43 がドロプレットを形成しやすくなる例のように[30]，細胞内の低分子とドロプレットの関係もこれから明らかになっていくだろう．

もう一つ，低分子によってドロプレットの形成が制御されている根拠になりそうな研究として，タンパク質の凝集抑制剤がある（§9・6）．アルギニンやスペルミンのような細胞内にもたくさんある低分子がタンパク質の凝集や化学劣化を防ぐ働きをもつことを考えると，ドロプレットの形成も同様に低分子に影響を受けている可能性は高い．このように，細胞内にある低分子の代謝産物は，ドロプレットの形成との関係で働きを見直す必要があると考えている．代謝産物以外の低分子として，FUS[31]や核膜

孔にある Nup54[32] などのドロプレットは，両親媒性のアルコールである 1,6-ヘキサンジオールで溶解することが経験的に知られている．これはアミロイド性疾患へのドロプレットをターゲットにした創薬が可能であることを示唆する一つの好例である．

第 6 章の参考文献

1. M. Stefani, 'Protein misfolding and aggregation: new examples in medicine and biology of the dark side of the protein world', *Biochim. Biophys. Acta.*, **1739**(**1**), 5-25 (2004).
2. C. L. Masters *et al.*, 'Amyloid plaque core protein in Alzheimer disease and down syndrome', *Proc. Natl. Acad. Sci. USA*, **82**(**12**), 4245-4249 (1985).
3. M. H. Polymeropoulos *et al.*, 'Mutation in the alpha-synuclein gene identified in families with Parkinson's disease', *Science*, **276**(**5321**), 2045-2047 (1997).
4. M. Goedert, 'Alzheimer's and Parkinson's diseases: The prion concept in relation to assembled Aβ, tau, and α-synuclein', *Science*, **349**(**6248**), 1255555 (2015).
5. M. Fändrich *et al.*, 'Amyloid fibrils from muscle myoglobin', *Nature*, **410**(**6825**), 165-166 (2001).
6. Y. Aso *et al.*, 'Systematic analysis of aggregates from 38 kinds of non disease-related proteins: identifying the intrinsic propensity of polypeptides to form amyloid fibrils', *Biosci. Biotechnol. Biochem.*, **71**(**5**), 1313-1321 (2007).
7. N. S. de Groot *et al.*, 'Ile-phe dipeptide self-assembly: clues to amyloid formation', *Biophys. J.*, **92**(**5**), 1732-1741 (2007).
8. W. Y. Wang *et al.*, 'Interaction of FUS and HDAC1 regulates DNA damage response and repair in neurons', *Nat. Neurosci.*, **16**(**10**), 1383-1391 (2013).
9. T. J. Kwiatkowski *et al.*, 'Mutations in the FUS/TLS gene on chromosome 16 cause familial amyotrophic lateral sclerosis', *Science*, **323**(**5918**), 1205-1208 (2009).
10. C. Vance *et al.*, 'Mutations in FUS, an RNA processing protein, cause familial amyotrophic lateral sclerosis type 6', *Science*, **323**(**5918**), 1208-1211 (2009).
11. H. Deng *et al.*, 'The role of FUS gene variants in neurodegenerative diseases', *Nat. Rev. Neurol.*, **10**(**6**), 337-348 (2014).
12. M. Kato *et al.*, 'Cell-free formation of RNA granules: low complexity sequence domains form dynamic fibers within hydrogels', *Cell*, **149**(**4**), 753-767 (2012).
13. T. W. Han *et al.*, 'Cell-free formation of RNA granules: bound RNAs identify features and components of cellular assemblies', *Cell*, **149**(**4**), 768-779 (2012).
14. A. Patel *et al.*, 'A Liquid-to-solid phase transition of the ALS protein FUS accelerated by disease mutation', *Cell*, **162**(**5**), 1066-1077 (2015).
15. L. Guo *et al.*, 'Nuclear-import receptors reverse aberrant phase transitions of RNA-binding proteins with prion-like domains', *Cell*, **173**(**3**), 677-692 (2018).
16. T. Yoshizawa *et al.*, 'Nuclear import receptor inhibits phase separation of FUS through binding to multiple sites', *Cell*, **173**(**3**), 693-705 (2018).
17. M. Hofweber *et al.*, 'Phase separation of FUS is suppressed by Its nuclear import receptor and arginine methylation', *Cell*, **173**(**3**), 706-719 (2018).
18. S. Qamar *et al.*, 'FUS phase separation is modulated by a molecular chaperone and methylation of arginine cation-π interactions', *Cell*, **173**(**3**), 720-734 (2018).
19. T. K. Hodgdon *et al.*, 'Hydrotropic solutions', *Curr. Opin. Colloid Int. Sci.*, **12**(**3**), 121-128 (2007).
20. A. Patel *et al.*, 'TP as a biological hydrotrope', *Science*, **356**(**6339**), 753-756 (2017).
21. A. Patel *et al.*, 'A Liquid-to-solid phase transition of the ALS protein FUS accelerated by disease mutation', *Cell*, **162**(**5**), 1066-1077 (2015).
22. S. Maharana *et al.*, 'RNA buffers the phase separation behavior of prion-like RNA binding proteins', *Science*, **360**(**6391**), 918-921 (2018).
23. N. Shiina, 'Liquid- and solid-like RNA granules form through specific scaffold proteins and combine

into biphasic granules', *J. Biol. Chem.*, pii: jbc.RA118.005423 (2019).
24. V. N. Uversky, 'Intrinsically disordered proteins in overcrowded milieu: membrane-less organelles, phase separation, and intrinsic disorder', *Curr. Opin. Struct. Biol.*, **44**, 18-30 (2016).
25. C. P. Brangwynne et al., 'Active liquid-like behavior of nucleoli determines their size and shape in Xenopus laevis oocytes', *Proc. Natl. Acad. Sci. USA*, **108**(**11**), 4334-4339 (2011).
26. S. Alberti et al., 'Are aberrant phase transitions a driver of cellular aging?' *Bioessays*, **38**(**10**), 959-968 (2016).
27. B. R. Parry et al., 'The bacterial cytoplasm has glass-like properties and is fluidized by metabolic activity', *Cell*, **156**(**1-2**), 183-194 (2014).
28. P. H. Yancey et al., 'Living with water stress: evolution of osmolyte systems', *Science*, **217**(**4566**), 1214-1222 (1982).
29. P. H. Yancey, 'Organic osmolytes as compatible, metabolic and counteracting cytoprotectants in high osmolarity and other stresses', *J. Exp. Biol.*, **208**(**Pt 15**), 2819-2830 (2005).
30. K. J. Choi et al., 'A chemical chaperone decouples TDP-43 disordered domain phase separation from fibrillation', *Biochemistry*, **57**(**50**), 6822-6826 (2018).
31. Y. Lin et al., 'Toxic PR poly-dipeptides encoded by the C9orf72 repeat expansion target LC domain polymers', *Cell*, **167**(**3**), 789-802 (2016).
32. K. Y. Shi et al., 'Toxic PRn poly-dipeptides encoded by the C9orf72 repeat expansion block nuclear import and export', *Proc. Natl. Acad. Sci. USA*, **114**(**7**), E1111-E1117 (2017).

7 プリオンはなぜ保存されてきたのか？

　プリオンはウシの狂牛病やヒツジのスクレイピーの映像によって広く知られるようになったタンパク質である．しかし，プリオンは特殊なタンパク質というわけではなく，酵母からヒトにまで多くの生物にみられるタンパク質である．ではなぜ，疾患を発症し，感染するような危険なタンパク質が進化的に保存されてきたのだろうか？それはもちろん，疾患をひき起こすという負の側面だけではなく，それを上回る利点があるからだ．相分離生物学の研究から明らかになってきたように，プリオンは本来，ドロプレットを形成して環境のストレスからタンパク質を守る働きをもっている．そして，ドロプレットを形成しやすい配列は同時にアミロイドも形成しやすい性質ももっていたのである．

7・1 プリオンとは

　プリオン（prion）とは，タンパク質性の感染粒子（proteinaceous infectious particle）のことをいう[1]．Stanley Prusiner がタンパク質だけで感染するというプリオン仮説を提唱した 1980 年代，感染には遺伝物質である DNA や RNA が関わっていると考えるのが科学的な常識だったので，賛同する研究者はほとんどいなかった．しかし，最終的にプリオン仮説が立証されて，Prusiner は 1997 年にノーベル生理学・医学賞を受賞することになった．なお，用語として"プリオン"というとき，感染粒子であるタンパク質のことをさすこともあるし，感染するという現象のことをさすこともある．

　プリオンの感染メカニズムはアミロイドの伸長のメカニズム（§6・1）と基本的には同じである．すなわち，正常な構造をもったプリオンは，異常な構造をもったプリオンによって感染型のオリゴマーを形成し，アミロイドになる．異常構造をもつタンパク質が細胞を越えて伝わり，別の細胞でも異常構造を生み出す現象を**伝播**

(propagation）という．タンパク質のこの構造変化によって，狂牛病のような重篤な疾患をひき起こすものもあるし，細胞を富栄養条件で培養したときに色が異なるなどの表現型を変化させるものも，また，見た目には影響がないものもある（図7・1）．

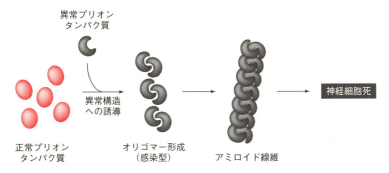

図7・1 プリオン 正常な構造をもったプリオンは，異常な構造のプリオンによって構造が変化し，感染能のあるオリゴマーを形成する．やがてアミロイド線維へと伸長する．

1992年には3万7千頭ものウシが狂牛病（牛海綿状脳症）を発症して世界的な問題になったように，プリオンは高い感染性をもつのが特徴だ．狂牛病が爆発的に広まった原因として，病死したウシの肉骨粉を飼料に混ぜていたからだという指摘があった．肉骨粉にごく微量に含まれている異常型プリオンをウシが食べ，そのウシが病死するとまた肉骨粉にされて別のウシが食べ，それを繰返すことで異常型プリオンの蓄積が進んで発症した，というメカニズムだ．似たような例として，動物園で飼育されているチーターのおもな死因がプリオン病であるという報告もある[2]．狭い檻で飼育されると，糞尿などにごくわずかに混入した感染型プリオンが他の個体に入ってしまうリスクが増えるため，プリオン病が蔓延する温床になるのだという．

異常型のプリオンはきわめて安定である．プリオン病感染予防ガイドラインによると，ヒトのプリオン病であるクロイツフェルト・ヤコブ病が疑われる患者の手術器具は，134℃で18分間の高圧加熱や，3％のドデシル硫酸ナトリウム溶液に浸し100℃で5分間の煮沸など，かなり強い条件で洗浄しなければ失活しない．

プリオンも原子レベルで見るとアミロイドだが，アミロイドを形成するほかのタンパク質，たとえば，アルツハイマー型認知症のアミロイドβやタウタンパク質，透析アミロイドーシスの$β_2$ミクログロブリン，ハンチントン病のハンチンチンの異常型は，風邪がうつるようには感染しないとされる．ただし，アミロイドを形成したアミロイドβの体内への投与が，アミロイド性疾患の発症の原因になるという報告はある[3]．つまり，アミロイドへと凝集する分子メカニズムはプリオンもそれ以外のタ

ンパク質も似ているが，感染力が異なると理解していいだろう．

プリオンは，ウシにもヒトにもパン酵母にもみられるし，真正細菌であるボツリヌス菌にもある[4]．つまり，プリオンは進化的にも古くからあり，種を越えて広く残されてきたのである．そのため，プリオンは単なる疾患因子ではなく，何か重要な役割をもっているはずだが，それが何なのかがわからなかったのである．その鍵を担うのは，次節から述べていくように，液－液相分離だったのである．

7・2 酵母プリオン Sup35

酵母のもつタンパク質 Sup35[5] や Ure2[6] は，遺伝子が同一であっても酵母の表現型が変化し，それが"遺伝"することが 1990 年代に報告され，プリオンが哺乳類以外にもあることが知られるようになった．いずれも機能をもったタンパク質で，Sup35 は遺伝子の翻訳を終結させる働きがあり，Ure2 はウレイドコハク酸の代謝に関わる働きがある．ほかにも転写因子や染色体の構造に関わるタンパク質などは，アミロイド化することで酵母の表現型を変えることが知られている．哺乳類のプリオンを研究するためには厳重に隔離された特別な施設が必要になるが，酵母プリオンは普通の研究室でも扱うことができるため，Sup35 や Ure2 などはプリオンのモデルとして研究が進められてきた．

出芽酵母 *Saccharomyces cerevisiae* の Sup35 は，685 個のアミノ酸からなる比較的大きなタンパク質である．Sup35 は三つのドメインに分けられる（図 7・2）．C 末端側には，翻訳を止める働きのある"機能ドメイン"がある．N 末端の N ドメインや，中央の M ドメインは，構造をもたない天然変性領域がある．この N ドメインや M ドメインが，アミロイドを形成して伝播し，プリオンとして振舞う．ちなみに，Sup35 の機能ドメインだけを残しても酵母は元気に生きている[7]．それではなぜ，Sup35 には N ドメインや M ドメインがあるのだろうか？

図 7・2 酵母プリオン Sup35 のアミノ酸配列 N 末端側にある N ドメインと M ドメインは構造をもたない天然変性領域で，プリオンドメインともよばれる．C 末端側には翻訳終結の働きがある機能ドメインがある．

Anthony Hyman と Simon Alberti らの研究グループは，酵母がなぜプリオンをもつのかを説明する興味深い論文を報告している[8]．"酵母プリオンタンパク質の相分離は細胞の適応を促進する"と題した *Science* 誌への論文で，次のような研究を展開し

ている．Sup35 に緑色蛍光タンパク質（GFP）を結合させ，出芽酵母の中で Sup35 がどのように存在しているのかを観察した．普通の条件で生育させて高解像度の蛍光顕微鏡で観察してみると，Sup35 は細胞の中に広く発現していた．しかし，興味深いことにグルコースを与えないで酵母を飢餓状態にすると，Sup35 がサブミクロン程度の大きさのドロプレット（ゲル）を形成したのである．

グルコースを枯渇させると細胞内の pH が弱酸性になることが知られているので，pH 変化がドロプレットの形成の原因なのかを試験管内で再現した．Sup35 のタンパク質溶液の pH を変えてみたところ，確かに弱酸性では Sup35 は丸いゲル状の構造を形成した．そして pH を中性に戻すと，ゲルが再び溶解したのである．また，イオン強度を数百 mM にすると Sup35 はゲル化しなかったので，おそらく静電的な相互作用がゲル化の駆動力になっていると考えられる．

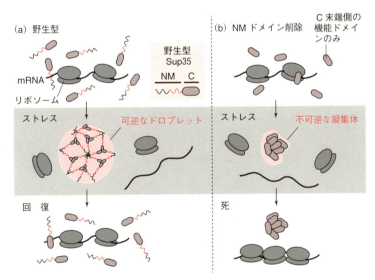

図 7・3　Sup35 の構造変化　酸性条件では全長の Sup35 は可逆的にゲル化するが（a），Sup35 の NM ドメインを削除すると機能ドメインは不可逆的に変性した（b）．［T. M. Franzmann *et al*., 'Phase separation of a yeast prion protein promotes cellular fitness', *Science*, **359**(**6371**), pii: eaao5654 (2018) より改変］

ここで，Sup35 の機能ドメインだけのタンパク質を作製して調べたところゲル化しなかった．また，機能ドメインだけのタンパク質を弱酸性にさらすと，不可逆に変性してしまった．そのため，再び中性にしても元の構造には戻らず，タンパク質の機能も回復しなかったのである（図 7・3）．

ちなみに，進化的には何億年も前に別の種に分かれた出芽酵母 *Saccharomyces cerevisiae* と分裂酵母 *Schizosaccharomyces pombe* がそれぞれもつ Sup35 は，いずれも同じようにゲル化する性質があることもこの論文では示している．これらの結果をまとめると，アミロイドになる Sup35 の NM ドメインは，もともとゲル化することで機能ドメインを守る働きをもっていたのだと結論付けられる．

7・3　ゲル化するプリオン

酵母プリオンタンパク質が液-液相分離し，ゲル化するという発見は実に示唆に富んでいる．機能には関係のない NM ドメインがなぜ存在するのかというと，次のように考えられる．プリオンタンパク質である Sup35 の機能ドメインは，遺伝子の翻訳制御に必要な働きをもつ．機能ドメインは不安定で，酸性ストレスによって不可逆に変性するという性質をもともともっている．そのため，Sup35 の機能ドメインを安定化するために NM ドメインが存在しているのだ．このドメインは短期的なさまざまな環境ストレスに応答して液-液相分離してゲル化する．ゲル化すると，ダンボールの中にクッション材を入れることで品物が安定に保たれるように，機能ドメインが安定化する．そして，ストレスがなくなればゲルが溶融して，ダンボールから取出された品物のように，再び機能のある状態に戻ることができるという仕組みである（図7・4）．

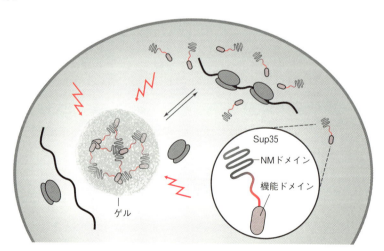

図7・4　**Sup35 のゲル化**　飢餓ストレスを与えられると Sup35 はゲル化し，ストレスから解放されると Sup35 は元に戻る．[T. M. Franzmann *et al.*, 'Phase separation of a yeast prion protein promotes cellular fitness', *Science*, **359**（**6371**）, pii: eaao5654（2018）より改変]

NMドメインは，グルタミンやアスパラギンが多く含まれている．グルタミン（Q）とアスパラギン（N）のアミノ酸の一文字表記から取りこの領域を"Q/N リッチ"とよぶことがある．Q/N リッチな領域は会合しやすいためゲル化するが，同時にアミロイドも形成しやすい性質を併せもっている．著名なプリオン研究者 Susan Lindquist と液-液相分離の分野を牽引する Simon Alberti らが，酵母のもつ Q/N リッチな 100 種類のタンパク質をアミロイド化させた結果を報告している[9]．そのうち 19 種類は他の細胞にもアミロイドが伝わることを明らかにした．このように，ゲル化した状態に長時間置かれるとアミロイドを形成し，プリオンの現象をひき起こす，ということなのだろう．こうしてプリオンがさまざまな生物に観察されるのは，死を導く闇の顔だけでなく，ストレス応答のための光の顔ももっていたからなのである．

31 種類の生物種のプロテオームを調べた結果によると，Q/N リッチなタンパク質は，出芽酵母 S. cerevisiae には 107 個や，ショウジョウバエ Drosophila melanogaster には 472 個など，真核細胞に数百個程度あると推定されている[10]．Q/N リッチなタンパク質は，転写因子や RNA 結合タンパク質に多くみられることがわかった．このような網羅的な調査からもわかるように，真核生物のタンパク質は，アミロイドを形成しやすい配列をもつものがそもそも多いのである．

ちなみに酵母のタンパク質 Mod5 は，Q/N リッチな領域をもたないにもかかわらずアミロイド化し，伝播することが明らかにされている[11]．その結果，酵母の代謝活性が変化してエルゴステロールの合成が進み，抗真菌剤に対する耐性が増すという表現型の変化として現れる．つまり，Q/N リッチな領域はアミロイド化しやすい傾向があるが，アミロイドの形成に必ずしも必要な配列ではない．

このようにプリオンは，酵母の一生に及ぶほどの長期的な見方をすると，細胞内でアミロイドを形成して悪影響を及ぼし，それが他の細胞にまで伝播するようになる．しかし，数分ほどの時間スケールでは，ゲル化してタンパク質を隔離することで不可逆な凝集を防いだり，また，代謝を変化させたりして（このあたりのメカニズムはこれから研究が進むところだが），環境からのストレスに応答するために働いていたのである．そのため，プリオンはさまざまな生物種に広くみられるのだろう．これがプリオンの真の姿だったのである．

7・4 シャペロン

シャペロンとは，タンパク質のフォールディングを助けるタンパク質の総称である．シャペロンは最初，ショウジョウバエに熱を加えると，発現量が増えるタンパク質として発見された[12]．そのため，**熱ショックタンパク質**（heat shock protein, HSP）という別名もある．しかし，熱ショックを与えなくても発現している HSP90 のよう

なシャペロンもある．現在までに多様な HSP が同定されており，HSP27，HSP40，HSP60，HSP70，HSP90，HSP104 などと分子の質量（kDa）を添えてシステマティックに命名されているものも多い[13]．

シャペロンは，加熱などのストレスや生合成の途中など変性しているタンパク質を認識して相互作用する．シャペロンと相互作用することでほかのタンパク質とは相互作用できなくなるために，凝集から守られる．シャペロンと相互作用している間，タンパク質は固有の構造へとフォールディングすることが可能になる．シャペロンが凝集を防ぐメカニズムは，変性タンパク質を隔離するタイプと結合するタイプがある．GroEL や HSP60 のようなシャペロンは，多量体を形成して真ん中に空洞を形成し，そこに変性したタンパク質を隔離して凝集を防ぐ（図 7・5）．"フォールディングのゆりかご"とよばれることもあるように，不安定な状態にあるタンパク質も隔離し，外界から守る働きがある．

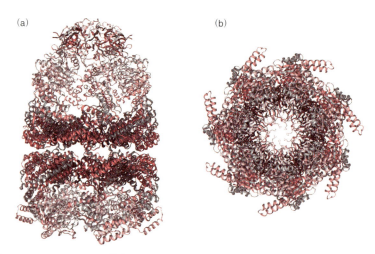

図 7・5 GroEL/GroES の構造 横から見ると七量体の GroEL が二つ組合わさった筒状の構造に，GroES の "フタ" が片側についた弾丸のような形になっている（a）．上から見ると真ん中が空洞になっているのがわかる（b）．この空洞にタンパク質が入る．PDB ID: 1AON.

もう一つのシャペロンのタイプは，HSP90 や HSP70 のように，変性した領域に直接相互作用するタイプである．変性すると疎水性の領域がタンパク質の表面に現れるため，その部位を認識することで凝集しやすい領域を保護する働きがある．HSP90 は細胞に常に発現しているシャペロンで，おもに生合成されている途中のタンパク質のフォールディングを助けている（図 7・6）．

HSP90 は，ATP の結合や加水分解に伴い，オープン型とクローズド型の柔軟な構造をとることができ，この働きによって協調して働くタンパク質との相互作用や，ターゲットになる変性タンパク質との結合や解離が制御されている[14]．HSP90 は細胞内の可溶性タンパク質のうち 1% から 2% も占めるほど多量に存在している[15]．このことからもわかるように，HSP90 に依存してフォールディングするタンパク質も多い．

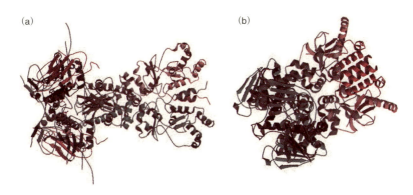

図 7・6　**HSP90 の構造**　HSP90 は二量体を形成しており，ATP や ADP が結合していない状態では(a)のようにオープン型の構造をもつ．ATP が結合すると(b)のように閉じた構造に変化する．PDB ID：(a) 2CG9，(b) 2IOQ．

ヒトのタンパク質のうち，HSP90 と相互作用するタンパク質は約 400 種類が同定されている[16]．このリストを見ると，細胞成長など重要な役割を担うタンパク質だけではなく，さまざまなタンパク質が対象になっていることがわかる．つまり，HSP90 は細胞内にあるタンパク質の溶解性を全体的に改善しているとみなしてよい．言い換えると，HSP90 が細胞内にたくさん存在しているために，凝集しやすいタンパク質も進化的に存在できるのだろう．タンパク質の凝集は，生物の進化にも関わっているのである．

7・5　普遍的な五次構造

　シャペロンは変性したタンパク質と相互作用することで，他の変性したタンパク質との凝集を防いでいるが，このメカニズムは Sup35 の NM ドメインの働きと類似しているように思う．シャペロンは細胞内にある多くのタンパク質をターゲットに溶解性を改善して全体的に凝集を制御しているが，Sup35 の NM ドメインのような天然変性領域は個々のタンパク質を安定化するために役立っている．つまり，細胞内のタ

ンパク質の溶解性は，全体的にも個別にも制御されているのである．

マックスプランク研究所のKroschwaldとAlbertiが"ゲルか死か，生存戦略としての相分離"という解説で指摘するように[17]，ドロプレットの形成は，タンパク質を安定化する一般的な原理だと考えてよい（図7・7）．シャペロンの"ゆりかご"と同様に，ドロプレットを形成すればタンパク質が内部に隔離されて安定化される．

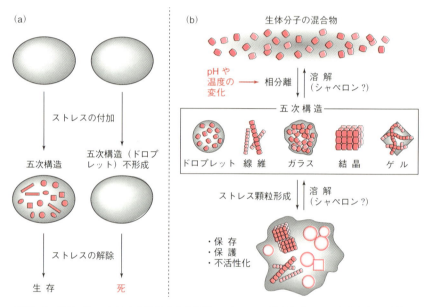

図7・7 ドロプレットによる細胞の生存戦略 タンパク質は加熱やpH変化などの環境からのストレスに応答してドロプレットを形成し，細胞内のタンパク質は安定化される．[S. Kroschwald, S. Alberti, 'Gel or die: phase separation as a survival strategy', *Cell*, **168**(**6**), 947-948 (2017) より改変]

この解説では"五次（quinary）"という用語を重要視している．**五次構造**とは，生化学者のEdwin McConkeyが1982年の論文で初めて使った用語だ[18]．McConkeyは二次元電気泳動を用いて，ヒトとハムスターの細胞からタンパク質を分離して比較した．その結果，タンパク質の分子間にはさまざまな相互作用があることがわかり，その相互作用が分子進化の過程で保存されてきたことを指摘した．次のような表現の中で登場する．"It is suggested that the term "quinary structure" be used to refer to macromolecular interactions that are transient *in vivo*.（細胞内にある生体分子の一次的な相互作用をさして，"五次構造"の用語が使用できることを示唆する）."タンパ

ク質の進化を考えるとき，これまでは機能や安定性という個々の性質に注目してきたが，タンパク質分子間の相互作用に注目したのは斬新だった．この見方が四半世紀後の現在，ドロプレットとの関連で再注目されてきているのだ．

　五次構造とは，タンパク質の階層的な構造の命名法に由来する（§9・2参照）．タンパク質の構造は，一次構造が共有結合，二次構造がアミノ酸主鎖の折れ畳み，三次構造がアミノ酸側鎖間の相互作用，四次構造が特異的なタンパク質分子間相互作用，と階層的に理解されているが，五次構造はこれを拡張した用語である．タンパク質の階層的な構造をそのまま延長して"五次"であるとしたことは重要な点である．ドロプレットの形成はタンパク質の構造の延長にある．タンパク質の五次構造は基本的にはとても弱い相互作用によって形成されている．そのため，形成を駆動する環境からのストレスがなくなれば解離して元の状態に戻り，タンパク質は元の働きを取戻すことができるという特徴がある．基本的にはタンパク質の凝集は不可逆なプロセスだが，液-液相分離は可逆だからである．

　細胞内のタンパク質の安定化についてまとめると次のようになる．まず，細胞全体にはシャペロンが活躍し，タンパク質の不可逆な凝集を防いで溶液中に分散した状態を保つ働きがある．また，天然変性領域をもっているタンパク質は，ドロプレットを形成して機能ドメインを安定化させるものもある．そういうタンパク質は他の分子とともにドロプレットを形成して隔離し，安定化することもあるだろう．これらの安定化のメカニズムは数分間くらいの時間スケールで見たときには有効だ．たとえば，生合成直後のまだフォールディングが完了していない状態や，pH変化などのストレスにさらされたときに，凝集させずに溶解させておくために役立つ．一方，ドロプレットを形成しやすい配列は，表裏一体として，会合しやすい性質を併せもっている．その結果，1種類のタンパク質だけが濃縮された状態に長い時間置かれると，アミロイドの前駆体となる凝集核ができることもあるだろう．その結果，長いアミロイドへと伸長したり，プリオンのような伝播する性質をもったりするものもあるのだろう．このような表の顔と裏の顔をもつのがプリオンの特徴である．

第7章の参考文献

1. S. B. Prusiner, 'Novel proteinaceous infectious particles cause scrapie', *Science*, **216**(**4542**), 136-144 (1982).
2. B. Caughey *et al.*, 'Are cheetahs on the run from prion-like amyloidosis?', *Proc. Natl. Acad. Sci. USA*, **105**(**20**), 7113-7114 (2008).
3. Z. Jaunmuktane, 'Evidence for human transmission of amyloid-β pathology and cerebral amyloid angiopathy', *Nature*, **525**(**7568**), 247-250 (2015).
4. A. H. Yuan *et al.*, 'A bacterial global regulator forms a prion', *Science*, **355**(**6321**), 198-201 (2017).
5. R. B. Wickner, '[URE3] as an altered URE2 protein: evidence for a prion analog in *Saccharomyces cerevisiae*', *Science*, **264**(**5158**), 566-569 (1994).

6. M. D. Ter-Avanesyan, 'Deletion analysis of the SUP35 gene of the yeast *Saccharomyces cerevisiae* reveals two non-overlapping functional regions in the encoded protein', *Mol. Microbiol.*, **7**(**5**), 683-692 (1993).
7. I. S. Shkundina *et al.*, 'The role of the N-terminal oligopeptide repeats of the yeast Sup35 prion protein in propagation and transmission of prion variants', *Genetics*, **172**(**2**), 827-835 (2006).
8. T. M. Franzmann *et al.*, 'Phase separation of a yeast prion protein promotes cellular fitness', *Science*, **359**(**6371**), pii: eaao5654 (2018).
9. S. Alberti *et al.*, 'A systematic survey identifies prions and illuminates sequence features of prionogenic proteins', *Cell*, **137**(**1**), 146-158 (2009).
10. M. D. Michelitsch *et al.*, 'A census of glutamine/asparagine-rich regions: implications for their conserved function and the prediction of novel prions', *Proc. Natl. Acad. Sci. USA*, **97**(**22**), 11910-11915 (2000).
11. G. Suzuki *et al.*, 'A yeast prion, Mod5, promotes acquired drug resistance and cell survival under environmental stress', *Science*, **336**(**6079**), 355-359 (2012).
12. A. Tissières *et al.*, 'Protein synthesis in salivary glands of drosophila melanogaster: relation to chromosome puffs', *J. Mol. Biol.*, **84**(**3**), 389-398 (1974).
13. J. Wu *et al.*, 'Heat shock proteins and cancer', *Trends Pharmacol. Sci.*, **38**(**3**), 226-256 (2017).
14. H. Saibil, 'Chaperone machines for protein folding, unfolding and disaggregation', *Nat. Rev. Mol. Cell Biol.*, **14**(**10**), 630-642 (2013).
15. F. H. Schopf *et al.*, 'The HSP90 chaperone machinery', *Nat. Rev. Mol. Cell Biol.*, **18**(**6**), 345-360 (2017).
16. https://www.picard.ch/downloads/Hsp90interactors.pdf
17. S. Kroschwald *et al.*, 'Gel or die: phase separation as a survival strategy', *Cell*, **168**(**6**), 947-948 (2017).
18. E. H. McConkey, 'Molecular evolution, intracellular organization, and the quinary structure of proteins', *Proc. Natl. Acad. Sci. USA*, **79**(**10**), 3236-3240 (1982).

8
細胞内にある物理学

　ここで，異分野をつなぐことで見えてきた細胞内にある物理現象を紹介したい．そもそも相分離生物学の原点は，細胞内の顆粒が非対称に存在する理由を探った生物学と物理学をつなぐ研究だった（§8・1）．現在の細胞内のドロプレットの研究は，ニューロンを操作するオプトジェネティクス（§8・2）やゲノム編集のCRISPR-Cas9（§8・3）など最新テクノロジーとの連携が不可欠である．また，オーバークラウディング（§8・4）とよばれる現象を考えると，タンパク質とはそもそも科学者が理解しているよりもはるかに集まりやすい性質があるのだろう．最後に紹介するアクティブマター（§8・5）は，ドロプレットによる区画化とともに，生命現象を理解する新しいキーワードになると考えている．

8・1　非対称性と溶液物性

　相分離生物学の原郷となる成果は，マックスプランク研究所のAnthony HymanやClifford Brangwynneらによって著された2009年の *Science* 誌への論文 "Germline P granules are liquid droplets that localize by controlled dissolution/condensation" である[1]．"生殖細胞系列のP顆粒はコントロールされた溶解・濃縮によって局在化する液体のドロプレットである"と訳せるように，ドロプレットが細胞内にあるということを端的に指摘した論文だった．新しい分野を萌芽させたこの論文を読みながら，なぜこのような着想に至ったのかを追ってみたい．

　大腸菌などの単細胞の生物は分裂して増える．そのため，親も子も同じ遺伝情報をもったクローンである．しかし，ヒトを含めた有性生殖をする多細胞生物は，寿命の異なる2種類の細胞をもっているのが特徴だ．私たちは誰もが一つの受精卵から分裂し，約37兆個もの細胞からなる個体として生きている[2]．その大部分である体細胞は個体の命とともに終わるが，ごく一部は発生の途中で生殖細胞系列（germline）に

なり,次の世代のために精子や卵母細胞になる運命をもつ.つまり,私たちの身体は,個体の死とともに滅びる大部分の細胞と,連綿と個体の生命を超えて続いていく生殖細胞系列の2種類から構成されている[3].

生殖細胞の分裂の前に,RNAとRNA結合タンパク質からなるドロプレットが不均一に分布する現象が知られている.線虫にあるこのドロプレットを**P顆粒**とよぶ.P顆粒ははじめ細胞内に均質に分散しているが,やがて対称性が崩れて前後軸に別れる(図8・1).原形質流動に乗って極性を決めるタンパク質PAR-1とPAR-2が後側に集まり,P顆粒も後側に集まる[4].その後,生殖細胞になるP顆粒が含まれた後側の細胞と,体細胞になるP顆粒のない前側の細胞に分裂する.

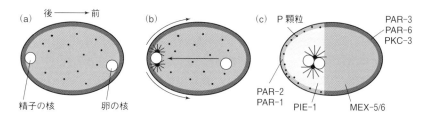

図8・1 線虫の受精卵 (a) 受精直後の受精卵で,卵の核(右側)と精子の核(左側)の二つの核がある.(b) 原形質流動に乗って核やP顆粒が流れていく.(c) 核やP顆粒が左側に集まり,それと同時にいくつかのタンパク質が非対称に分布する.[R. J. Cheeks et al., 'C. elegans PAR proteins function by mobilizing and stabilizing asymmetrically localized protein complexes', Curr. Biol., **14**(10), 851-862 (2004) より改変]

細胞内の非対称性には,P顆粒のほかさまざまなタンパク質が関連することが知られてきた[5].前側にあるP顆粒が特異的に分解されるという報告や[6],細胞内にある原形質流動に乗って流れていくという観察はあったが[7],このような研究をもとに,P顆粒の非対称性の謎に迫ったのがBrangwynneらが2009年に報告した研究になる.

Brangwynneらは,PGL-1やGLH-1と名付けられたP顆粒を構成するタンパク質を緑色蛍光タンパク質で標識し,P顆粒の三次元的な動きを観察した.その結果,原形質流動は,前側に向けた流れも後側に向けた流れも同じようにあるので,これだけではP顆粒が非対称に存在する理由にならないことがわかった.P顆粒のサイズを時間ごとに調べてみると,はじめは前側と後側のいずれのP顆粒も縮小していく傾向があったが,やがて後側のP顆粒が大きくなった.興味深いことに,P顆粒は別のP顆粒と融合することもわかった.つまり,P顆粒は液体としての性質をもっていたのである.

細胞内にあるタンパク質とRNAが強固なネットワークを形成しているのであれば,一定以上の力を加えるともう戻らなくなるだろう(図8・2).たとえば,細胞内に張

り巡らされているアクチンや微小管などの細胞骨格タンパク質が，もしドロプレットの内部にあって形状を保っているようなものであれば，力を加えて相互作用を壊すと元に戻ることができない[8]．しかし，液-液相分離した"液体"なのであれば，せん断応力を加えても元に戻るし，分裂したり融合したりすることも可能だ．

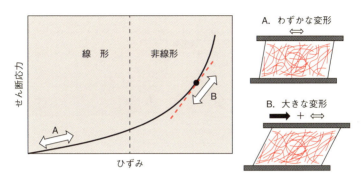

図 8・2 可塑性のイメージ タンパク質ネットワークがあれば，一定以上のせん断応力を加えるともう元には戻らなくなる．[K. E. Kasza *et al.*, 'The cell as a material', *Curr. Opin. Cell Biol.*, **19**(1), 101-107 (2007) より改変]

そこで Brangwynne らは，P 顆粒にせん断応力を加えて物理的に分裂させてみた．その結果，分裂させたドロプレットは，約 10 秒で速やかに元の状態へと融合したのである．さらに，P 顆粒の一部に光を照射した後，蛍光が回復する様子を観察する FRAP (fluorescence recovery after photobleaching) 法でドロプレットの内部の流動性を調べた．その結果，蛍光が消光された領域が数秒で回復することがわかった．やはり P 顆粒は，"固体"ではなく"液体"だったのである．著者らが実験的に算出したように，P 顆粒は水の約 1000 倍の粘度をもつ液体である．この粘度はおよそ塗り薬に使われるグリセリンに近いものだ．一方，細胞内のドロプレットの表面張力は約 $1 \mu N \, m^{-1}$ と，水の気液界面のものより 5 桁も小さいものだった．つまりドロプレット同士は融合しやすい性質があることを意味する．

線虫の受精卵にある P 顆粒の動きを模式的に描くと次のようになる（図 8・3）．P 顆粒にある成分は，はじめは飽和濃度に達していないため，P 顆粒が溶けて内容物が分散する方向に常に変化している．あるときキナーゼ PAR-1 やジンクフィンガータンパク質 MEX-5 の濃度に偏りができると（偏りがなぜ生じるのか現在はまだ謎だが），P 顆粒にある成分の飽和濃度が後側だけ低下する（なぜ低下するのかも現在は不明だ）．その結果，後側では P 顆粒の成分が過飽和になるので P 顆粒を形成し始める．細胞内の分子は原形質流動に乗って流れているので，前側にある P 顆粒の成分

が後側に流れると，さらにP顆粒の形成が進み，融合して大きくなる．大きなP顆粒は動きにくくもなる．このようにして非対称な状態が進んでいく．

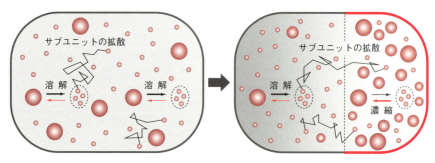

図8・3 受精卵のP顆粒 細胞内の溶解性が変化することによってP顆粒の存在には偏りが現れる．[C. P. Brangwynne *et al.*, 'Germline P granules are liquid droplets that localize by controlled dissolution/condensation', *Science*, **324**(**5935**), 1729-1732 (2009) より改変]

　最新の計測技術を組合わせてP顆粒の性質を詳細に調べたところ，P顆粒は"液体の性質をもつ"ということを発見した，というのが論文の骨子だ．そう言われてみると当たり前のようにも感じる発見だった．だが，細胞内にあるこのような顆粒に液体の性質があったという発見は，第1章で紹介したように，まずはごく一部の優れた分子生物学者を驚かせ，覚醒させた．そして液-液相分離という見方での説明が増えていくにつれ，"100匹目の猿"のことわざのように，さまざまな分野の専門家の目にもこの状態が細胞内に見えてきたのである．細胞の中にはタンパク質があり，タンパク質が生命現象を生み出すという見方が当然だと思い込んでいたその中間に液体の性質をもったドロップレットがあった．この単純な仮説一つで，さまざまな生命の謎が解けるようになっていったのである．

8・2 細胞内の空間記憶

　オプトジェネティクス（光遺伝学）とは，光でニューロンを刺激することで，脳内でどのような処理が行われているのかを調べる新しい方法である[9]．青色の光を吸収することで，陽イオンを細胞内に取込む働きがあるチャネルロドプシンが緑藻類から発見されたのが2002年のことだった[10]．2005年にはこのチャネルロドプシンをニューロンに導入することに成功し，ミリ秒の時間分解能でニューロンを操作できるようになった[11]．2007年には生きたマウスのニューロンにチャネルロドプシンを導入し，光ファイバーで細胞を刺激することに成功した[12]．これ以降，オプトジェネティクスはニューロンの刺激と記憶や思考との関係を調べるツールとして発展してき

たのである．その結果，たとえばアルツハイマー型の認知症になると，記憶できないのではなく思い出せないのだということがわかるようになり[13]，脳の働きと細胞の状態の理解が急速に深まってきた．

プリンストン大学の Jared Toettche らの研究グループは，オプトジェネティクスを利用した研究を行い，ドロプレットが細胞内の空間パターンの記憶に役立っているというおもしろい仮説を提唱している[14]．PixD と PixE というタンパク質は，光のない環境では 2 対 1 の混合比で大きな複合体を形成するが，青い光を照射すると数秒で複合体が解離する．その後，暗い環境に戻すと，数秒で再び会合体を形成する．この仕組みを Toettche らは PixELLs（pix evaporates from liquid-like droplets in light）と名付けている．これらのタンパク質と，ドロプレットを形成する FUS をマウスの培養細胞に発現させた．細胞内に形成したドロプレットに 450 nm の光を 10 分間照射すると，その部分のドロプレットが融解した．興味深いことに，ドロプレットが消えた領域には 1 時間ほどの間ドロプレットが形成されず，光を当てなかった領域とは明らかに区別できることがわかったのである（図 8・4）．すなわち，細胞内の空間記憶としてドロプレットが役立っている可能性があるのだ．

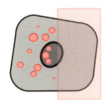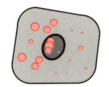

図 8・4　ドロプレットによる空間記憶　　ドロプレットは最初，細胞内に広がっているが，細胞の片側に光をあてるとドロプレットが溶解し，しばらくの間そのパターンが記憶される［E. Dine *et al.*, 'Protein phase separation provides long-term memory of transient spatial stimuli', *Cell Syst.*, **6**(**6**), 655-663.e5 (2018) より改変］

PixELLs は光でドロプレットを溶解する方法だが，逆に，光でドロプレットを形成する方法も開発されている[15]．この optoDroplets と名付けられた方法は，光でオリゴマー化するシロイヌナズナの Cry2 というタンパク質を利用する[16]．生体膜に結合するドメインと，FUS と，蛍光タンパク質と，Cry2 とを融合したもので，これを同様に細胞内に発現させた．細胞の片側に 30 分間の光刺激を与えると，その領域にだけドロプレットが観察された．その後，光の照射を止めても約 30 分間は光が当たっていた領域にドロプレットが残されたのである．

タンパク質や RNA などが分子として細胞内にあれば速やかに分散するが，ドロプレットになっていれば移動が遅く，また分子間で相互作用して安定化されているため

に比較的長い時間その場所に保たれる．Toettche らが論文のなかで電子回路にたとえているように，ドロプレットは複雑な生化学回路を特定の場所に積層する"基板"として役立っているのだとすれば魅力的な仮説になる．このような時間と空間と機能の三つを結びつけて説明できるような発見が，これから続いていくだろう．

8・3　ドロプレットと染色体高次構造

　最新のバイオテクノロジーを組合わせた CasDrop というエレガントなシステムを紹介したい[17]．オプトジェネティクスと CRISPR-Cas9（クリスパー・キャスナイン）を利用し，DNA の特定の箇所にドロプレットを形成させるという，ホットトピックスが三つも組合わさったものだ．

　CRISPR とは，クラスター化され規則正しく挿入された短い回文配列（clustered regularly interspaced short palindromic repeats）の略称で，もともとは微生物が獲得免疫に使うゲノム領域のことを意味する用語だった[18]．多くの微生物は，ウイルスに感染すると，その配列の一部をゲノムの CRISPR 領域に保存する．そして細胞は，CRISPR 領域から短い RNA を常に細胞内に転写しておく．そうすることで，再び感染してきたウイルスを速やかに認識できるので，ヌクレアーゼで分解して除去できる．この複数のヌクレアーゼを **Cas**（CRISPR-associated）**遺伝子群**という．

　この微生物の獲得免疫の仕組みを，任意のゲノム配列を切断するテクノロジーにしたのが **CRISPR-Cas9** システムである．2011 年に，レンサ球菌 *Streptococcus pyogenes* が単一のヌクレアーゼ Cas9 を使って DNA を認識して切断することが発見され[19]，さらに 2012 年 8 月には，単一のガイド RNA でも DNA を切断することが試験管内で再現された[20]．これ以降，CRISPR という用語は，ゲノム操作をするという意味にも用いられるようになった．

　CRISPR-Cas9 を使うと，切断したいゲノム DNA の配列に相補的な RNA（ガイド RNA）と Cas9 とを細胞内に入れるだけで，狙った場所のゲノム DNA を切断できる．二本鎖 DNA が切断されるためそこにある遺伝子が破壊されたり，また，細胞分裂に伴い DNA 修復機構が働くなら別に導入した遺伝子をゲノムに挿入したりもできる．このようなメカニズムで，生きた細胞のゲノムを編集できることがわかってから[21]，酵母からヒトの受精卵までさまざまな生物のゲノム編集が行われてきた[22]．今では生物のゲノムを生きたまま書き換えるために CRISPR-Cas9 は広く使われる技術になってきている．

　CasDrop は，狙った遺伝子を特異的に認識できる CRISPR-Cas9 と，光で会合と分散とを制御できるオプトジェネティクスとを組合わせ，ある遺伝子の場所にドロプ

レットを形成させる方法である（図8・5）.

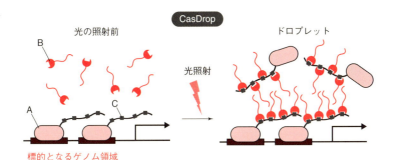

図8・5 CasDropの仕組み　特定のDNA領域を識別するタンパク質（A），天然変性タンパク質である転写制御因子（B，赤色の蛍光を発する），光によってダイマー化するタンパク質（C，緑色の蛍光を発する）の3種類のタンパク質を用いる．［Y. Shin *et al.*, 'Liquid nuclear condensates mechanically sense and restructure the genome', *Cell*, **175**(6), 1481-1491 (2018) より改変］

CasDropを使い3種類の天然変性タンパク質を培養細胞に発現させると，光に応答して数秒から10数秒でドロプレットを形成する様子が観察された．天然変性タンパク質によってドロプレットの形成のしやすさが異なることまで実験的に再現できている．興味深いことに，ドロプレットが形成された領域は染色体の密度が低くなるように見える．つまり，ドロプレットが染色体を排除し，押し広げるような働きをするからだろう（図8・6）．このような結果は，核内のドロプレットによって染色体の密度が低くなるという核小体やカハール体などに観察される結果とも一致している[23]．

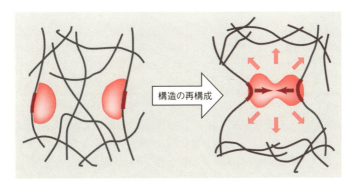

図8・6 染色体とドロプレット　ドロプレットは染色体の高次構造を変形させる働きもある．［Y. Shin *et al.*, 'Liquid nuclear condensates mechanically sense and restructure the genome', *Cell*, **175**(6), 1481-1491 (2018) より改変］

また，特定のDNAに結合したドロップレットが互いに融合することで，染色体の高次構造を再構築する様子も観察できた．このように，ドロップレットを用いることで，染色体の構造を物理的に変形させることも可能である．

§2・2にも登場したタンパク質HP1αは，染色体が凝縮したヘテロクロマチン領域に多く観察されるタンパク質である．HP1αはDNAを凝縮させる働きがあるが[24),25)]，これらの論文でも詳しく調べられているように，凝縮されたクロマチンセンターを確かにつくるようだ．つまり，多くの天然変性タンパク質が形成するドロップレットは，基本的には機械的に染色体の構造を緩める働きがあるが，DNAに親和性の高いタンパク質によるドロップレットは，逆に凝縮させる働きをもっていても不思議ではない．

染色体の複雑な立体構造は，遺伝子の発現の制御に不可欠な役割を担うことが知られているが[26)]，染色体の高次構造と遺伝子の発現を理解するためには，ドロップレットを仮定すると理解しやすくなる．たとえば，DNAの配列からみると数百kbpも遠く離れた遺伝子が同時に活性化されたりサイレンシングされたりする現象も[27)]，違和感なく理解できる．あるドロップレットに溶けている遺伝子が活性化されるのなら，DNAの配列から見て遠くにあっても関係がないからだ．別の染色体に乗った遺伝子が同時に活性化される現象も[28)]，同じようにドロップレットを仮定すれば理解できるだろう．

8・4　オーバークラウディング

無細胞タンパク質合成系（cell-free protein synthesis system）とは，試験管内でタンパク質を合成できるシステムのことをいう．研究用に市販されている無細胞系の多くは細胞抽出液を基に作製されているため，そこに含まれているタンパク質や有機物などの成分がよくわからないものが多い．しかし，東京大学の上田卓也らが2001年に開発した**PUREシステム**は，RNAポリメラーゼやリボソーム，リボソーム再生因子，翻訳因子，伸長因子，終結因子，tRNA，アミノアシルtRNA合成酵素など，DNAからのタンパク質の合成に必要となるすべての要素を一つずつ加えて作製した文字通りピュアな合成系である[29)]．そのため，タンパク質合成の基礎研究から，生命現象を再現する合成生物学にまで，さまざまな研究に利用されてきた．

このPUREシステムを利用し，タンパク質の集合に関しておもしろい現象が発見されているので紹介したい[30)]．前細胞時代から細胞が誕生するために，脂質が主役であったとする"リピッドワールド"を提唱する合成生物学者Pier Luigiらは，次のような実験を試みた．緑色蛍光タンパク質（GFP）の遺伝子をコードするプラスミドをPUREシステムで発現させた．その結果，もちろんGFPが発現して緑色の蛍光を発するようになった．PUREシステムを規定より多くの水溶液に溶かして希薄な条件に

すると，36種類もあるタンパク質合成に必要な成分が集合できないのは明らかで，GFP は当然ながら合成されなかった．

ここで Luigi らは，PURE システムを希釈したこの溶液に脂質を加えてベシクルを形成させた．ベシクルの内部には溶液が入るので，ある確率で PURE システムの成分が含まれることになる．ベシクルは小さいために GFP の合成に必要なすべての成分が入る可能性は低いだろう．しかし実験してみると，不思議なことにかなりの数のベシクルが GFP を合成し，蛍光を発したのである（図 8・7）．

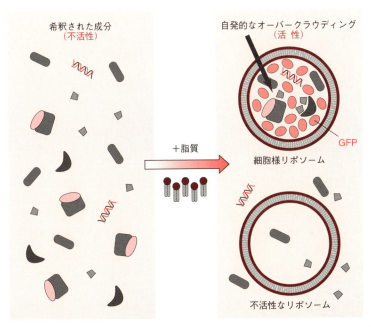

図 8・7 オーバークラウディング現象　PURE システムを薄めた状態では無細胞系は機能しないが，脂質を加えてベシクルを形成させると，ランダムに空間を区切る場合と比較してかなり多くのベシクルがタンパク質（この図では GFP）を合成する．［P. Stano et al., 'A remarkable self-organization process as the origin of primitive functional cells', Angew. Chem. Int. Ed. Engl., **52**(**50**), 13397-13400 (2013) より改変］

ベシクル内部に含まれるタンパク質の数は，ベシクルの形成時に空間が単にその体積の分だけ区切られるとすれば，溶質の分散の確率（ポアソン分布）に従うはずである（図 8・8）．仮にベシクルの内部に含まれるタンパク質の数がポアソン分布に従うなら，ベシクルのサイズと構成成分の濃度を考えると，10個のタンパク質が含まれるベシクルは1万個のうちの1個しか存在せず，20個のタンパク質が含まれるベシ

クルは1億個のうち1個しかない．30個も含まれるベシクルとなると10兆個に1個しかないという計算になるため，タンパク質の合成に必要なすべての成分がもれなく入ったベシクルがみつかる確率は，試験管で実験して顕微鏡で探すような実験をしている限りは事実上ゼロである．しかし，実験してみると不思議なことに，20個や30個どころか，100個や200個ものタンパク質が含まれるベシクルが見つかってきた．興味深いことに，理論式にフィッティングさせると，ベシクル内部にあるタンパク質の数はべき乗則に従ったのである．

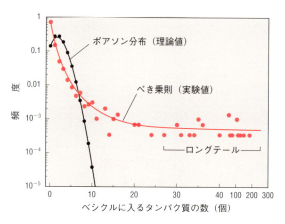

図8・8　ベシクルに入るタンパク質の数　ベシクルが空間をただ仕切っているだけならベシクルに含まれるタンパク質の数はポアソン分布のはずだが，観察されたタンパク質の数はべき乗則に従った．[P. Stano *et al*., 'Semi-synthetic minimal cells: origin and recent developments', *Curr. Opin. Biotechnol*., **24**(4), 633-638（2013）より]

べき乗則とは，Amazonなどのインターネットの販売で有名になった"ロングテール"を記述する理論式である．つまり，実験をすると確率的にはありえない高濃度のタンパク質が含まれるベシクルも存在できてしまうのだ．このような現象が生じる背後には，相分離生物学の研究からも見えてきているように，タンパク質やRNAは私たちがイメージする以上に，水中では一時的に集まりやすい性質をもつからだろう．この**オーバークラウディング**（超過密）や**スーパーコンセントレーション**（超濃縮）とよべるようなベシクルは，PUREシステムのように多種類のタンパク質が含まれた実験系に限ったものではなく，フェリチンやリボソームのような1種類のタンパク質を対象に実験した場合でも，同様の結果が得られている[31]．タンパク質の分子は自発的に濃縮されること，そして濃縮されることで機能することを，この実験は示している．

8・5 アクティブマター

ここで**アクティブマター**というキーワードを紹介したい．ドロプレットは動的な区画化に関わるものだが，アクティブマターは自走する粒子の挙動を説明するものである．ドロプレットとともにアクティブマターは，生命現象の理解に物理学から迫るための有力な概念だと考えている．

水族館のイワシの群れや，夕方一斉に飛んでいく鳥の大群，渋谷のスクランブル交差点の人の流れなど，見事に統制がとれているように見えるさまざまな集団の現象がある（図8・9）．もう少し小さなレベルでは，ペトリ皿で培養されている細胞や，細胞内に張り巡らされた細胞骨格の上を動くモータータンパク質なども，どこかにいる指揮者か監督の指示に従い，シナリオ通りに動いているように見えてくる[32]．このように，飛んでいる鳥や培養している細胞のように，自ら動くことが可能な物体を総称としてアクティブマターという．

図8・9 **イワシの群れ** 水族館などで見られるイワシの群れは集団で同じ方向を向いて泳いでいる．あたかもどこかに指揮者がいるような統制のとれた動きをするが，それぞれのイワシは近くのイワシを見て動きを変えているだけである．

アクティブマターはまだ新しい用語である．少し知られるようになってきたのは，インド工科大学のSriram Ramaswamyによる総説 "The mechanics and statistics of active matter" が報告された2010年頃からだろうか[33]．アクティブマターの原点にあたるモデルは，1995年にTamás Vicsekらによって報告されている[34]．平面上を動き回る粒子の集団的な振舞いをシミュレーションしたところ，粒子の密度と，向きのばらつきという単純なパラメーターだけで，秩序が生まれてくることを発見した（図8・10）．

多くの粒子が一定の速度でランダムな方向に動いている状態を次のように考える．粒子は周りの粒子とぶつからないように向きを変える．そのとき，速さは一定のまま，角度に幅をもたせるようにする．つまり，変数は粒子の動く向きと初期配置の粒子の密度の二つである．さまざまな条件でシミュレーションしてみると，希薄な条件であれば，粒子は全体的にランダムに動いたが，粒子の密度を上げると，交差点の人

の流れのように，粒子は全体として一定の方向に流れるようになったのである．粒子が周りの粒子と影響を及ぼしあうだけで，このような集団的な大きな振舞いが生じるのは興味深い．

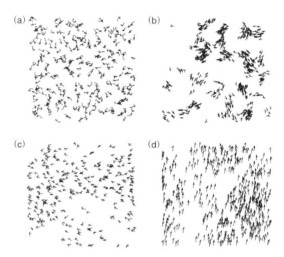

図8・10 Vicsek モデル シミュレーションの原理はとても単純な式で表される．(a) 初期条件．(b) 密度が高いとき．(c) 方向にばらつきが大きいとき．(d) 高密度で方向のばらつきが小さいとき．[T. Vicsek *et al.*, 'Novel type of phase transition in a system of self-driven particles', *Phys. Rev. Lett.*, **75**(**6**), 1226-1229 (1995) より]

ランダムに動く粒子の集団から，巨大な秩序を実験的に生み出すことに成功した印象深い例がある[35]．パリ・ディドロ大学の Denis Bartolo らは，絶縁体が電場のなかで回転する"Quincke rotation"の現象をアクティブマターの粒子として使うことを考えた．2.4 μm のポリメチルメタクリレートのビーズをヘキサデカン溶液に入れて上下に強い電場をかけたところ，ビーズはランダムに走りはじめた．そこで，幅1 mm，長さ数 cm の環状のプールのような形状の容器に，何百万個もの多量のビーズを入れて電場を加えた．その結果，低密度のビーズしかない場所では，ビーズはランダムな方向に転がったが，ビーズの密度が高い場所では集団的な振舞いを見せるようになったのである．最終的には全体としてビーズの集団が一方向に流れるようになった．マイクロメートルの大きさの粒子が周りに影響されるだけで，何万倍もの大きな挙動につながるのは興味深い．個々の粒子が隣の粒子とぶつかるのを嫌がっているというだけで，はるかに大きな動きを生み出せることが実験的にも再現できるのだ．

この論文には，まるで全体が"流れるプール"のように一方向に流れていく様子が

動画で紹介されている．本物の流れるプールは，水を一方向に噴出させて流れをつくり出しており，その流れに人が乗っている．しかし，この実験では，最初は個々のビーズがランダムに動き回っているだけなのである．動きながら近くのビーズと相互作用していくうちに，"流れるプール"になっていくのだ．このビーズの動きは，イワシの群れが統制のとれた動きをすることと同じ原理に基づいている．

ATPをエネルギー源にして動くモータータンパク質と，モータータンパク質が結合する細胞骨格タンパク質とを組合わせたアクティブマターの研究は，すでに生命現象を再現しているとよべるような美しい報告が相次いでいる．ミュンヘン工科大学のAndreas Bauschらは，アクチンを用いてネマティック液晶をつくることに成功している[36]．カバーガラスの上にミオシンの一部である重鎖メロミオシンを固定し，アクチンフィラメントとATPを加えたところ，渦状や帯状などさまざまな形状をした動的な構造物が現れたのだ．モータータンパク質のキネシンと微小管でも同様にネマティック液晶がダイナミックに動くことが再現されている[37]．まさに細胞骨格を思わせるような柔軟で動的な構造だ．

細胞内にあるタンパク質は，拡散の働きだけで動いているのではない．もっと積極的に，エネルギーを使ってアクティブマターとして動いている．そのため，内部の渦状の流れ[38]や，表面に方向性をもって動くネマティック液晶[39]，繊毛のような自律的な脈動[40]，などの性質が表れてくるのだ．このような結果は，きれいに精製した1種類のタンパク質を，希薄な条件で観察していても得られなかったものだ．平衡から離れた条件におき，しかもタンパク質を高濃度の条件にしたからこそ出現してくる現象でなのである．アクティブマターはドロプレットと同様に，生命現象を新しく理解していくための重要なキーワードになるだろう．

第8章の参考文献

1. C. P. Brangwynne *et al.*, 'Germline P granules are liquid droplets that localize by controlled dissolution/condensation', *Science*, **324**(**5935**), 1729-1732 (2009).
2. E. Bianconi *et al.*, 'An estimation of the number of cells in the human body', *Ann Hum. Biol.*, **40**(**6**), 463-471 (2013).
3. S. Seydoux *et al.*, 'Pathway to totipotency: lessons from germ cells', *Cell*, **127**(**5**), 891-904 (2006).
4. R. J. Cheeks *et al.*, '*C. elegans* PAR proteins function by mobilizing and stabilizing asymmetrically localized protein complexes', *Curr. Biol.*, **14**(**10**), 851-862 (2004).
5. B. Goldstein *et al.*, 'The PAR proteins: fundamental players in animal cell polarization', *Dev. Cell*, **13**(**5**), 609-622. (2007).
6. C. DeRenzo *et al.*, 'Exclusion of germ plasm proteins from somatic lineages by cullin-dependent degradation', *Nature*, **424**(**6949**), 685-689 (2003).
7. S. N. Hird *et al.*, 'Cortical and cytoplasmic flow polarity in early embryonic cells of *Caenorhabditis elegans*', *J. Cell Biol.*, **121**(**6**), 1343-1355 (1993).
8. K. E. Kasza *et al.*, 'The cell as a material', *Curr. Opin. Cell Biol.*, **19**(**1**), 101-107 (2007).
9. K. Deisseroth *et al.*, 'Next-generation optical technologies for illuminating genetically targeted brain

circuits', *J. Neurosci.*, **26**(**41**), 10380-10386 (2006).
10. G. Nagel et al., 'Channelrhodopsin-1: a light-gated proton channel in green algae', *Science*, **296**(**5577**), 2395-2398 (2002).
11. E. S. Boyden, 'Millisecond-timescale, genetically targeted optical control of neural activity', *Nat. Neurosci.*, **8**(**9**), 1263-1268 (2005).
12. A. R. Adamantidis et al., 'Neural substrates of awakening probed with optogenetic control of hypocretin neurons', *Nature*, **450**(**7168**), 420-424 (2007).
13. D. S. Roy et al, 'Memory retrieval by activating engram cells in mouse models of early Alzheimer's disease', *Nature*, **531**(**7595**), 508-512 (2016).
14. E. Dine et al., 'Protein phase separation provides long-term memory of transient spatial stimuli', *Cell Syst.*, **6**(**6**), 655-663.e5 (2018).
15. Y. Shin et al., 'Spatiotemporal control of intracellular phase transitions using light-activated optoDroplets', *Cell*, **168**(**1-2**), 159-171 (2017).
16. L. J. Bugaj et al., 'Optogenetic protein clustering and signaling activation in mammalian cells', *Nat. Methods*, **10**(**3**), 249-252 (2013).
17. Y. Shin et al., 'liquid nuclear condensates mechanically sense and restructure the genome', *Cell*, **175**(**6**), 1481-1491 (2018).
18. R. Jansen et al. 'Identification of genes that are associated with DNA repeats in prokaryotes', *Mol. Microbiol.*, **43**(**6**), 1565-1575 (2002).
19. E. Deltcheva et al., 'CRISPR RNA maturation by trans-encoded small RNA and host factor RNase III', *Nature*, **471**(**7340**), 602-607 (2011).
20. M. Jinek et al., 'A programmable dual-RNA-guided DNA endonuclease in adaptive bacterial immunity', *Science*, **337**(**6096**), 816-821 (2012).
21. L. Cong et al. 'Multiplex genome engineering using CRISPR/Cas systems', *Science*, **339**(**6121**), 819-823 (2013).
22. P. D. Hsu et al., 'Development and applications of CRISPR-Cas9 for genome engineering', *Cell*, **157**(**6**), 1262-1278 (2014).
23. Y. S. Mao et al., 'Biogenesis and function of nuclear bodies', *Trends Genet.*, **27**(**8**), 295-306 (2011).
24. A. G. Larson et al., 'Liquid droplet formation by HP1α suggests a role for phase separation in heterochromatin', *Nature*, **547**(**7662**), 236-240 (2017).
25. A. R. Strom et al., 'Phase separation drives heterochromatin domain formation', *Nature*, **547**(**7662**), 241-245 (2017).
26. J. Dekker et al., 'The 3D genome as moderator of chromosomal communication', *Cell*, **164**(**6**), 1110-1121 (2016).
27. H. Chen et al., 'Dynamic interplay between enhancer-promoter topology and gene activity', *Nat. Genet.*, **50**(**9**), 1296-1303 (2018).
28. B. Lim et al., 'Visualization of transvection in living drosophila embryos', *Mol. Cell*, **70**(**2**), 287-296 (2018).
29. Y. Shimizu et al., 'Cell-free translation reconstituted with purified components', *Nat. Biotechnol.*, **19**(**8**), 751-755 (2001).
30. P. Stano et al., 'A remarkable self-organization process as the origin of primitive functional cells', *Angew. Chem. Int. Ed. Engl.*, **52**(**50**), 13397-13400 (2013).
31. P. Stano et al., 'Semi-synthetic minimal cells: origin and recent developments', *Curr. Opin. Biotechnol.*, **21**(**4**), 633-638 (2013).
32. G. Popkin, 'The physics of life', *Nature*, **529**(**7584**), 16-18 (2016).
33. S. Ramaswamy, 'The mechanics and statistics of active matter', *Annu. Rev. Condens. Matter Phys.*, **1**, 323-345 (2010).
34. T. Vicsek et al., 'Novel type of phase transition in a system of self-driven particles', *Phys. Rev. Lett.*, **75**(**6**), 1226-1229 (1995).
35. A. Bricard et al., 'Emergence of macroscopic directed motion in populations of motile colloids', *Nature*, **503**(**7474**), 95-98 (2013).

36. V. Schaller et al., 'Polar patterns of driven filaments', *Nature*, **467**(**7311**), 73-77 (2010).
37. T. Sanchez et al., 'Spontaneous motion in hierarchically assembled active matter', *Nature*, **491**(**7424**), 431-434 (2012).
38. Y. Sumino et al., 'Large-scale vortex lattice emerging from collectively moving microtubules', *Nature*, **483**(**7390**), 448-452 (2012).
39. S. J. DeCamp et al., 'Orientational order of motile defects in active nematics', *Nat. Mater.*, **14**(**11**), 1110-1115 (2015).
40. T. Sanchez et al., 'Cilia-like beating of active microtubule bundles', *Science*, **333**(**6041**), 456-459 (2011).

9
タンパク質溶液の理論とテクノロジー

　本章ではタンパク質の溶液や構造についての基本的な理論と用語を整理したい．アミノ酸の溶解度はタンパク質のフォールディングや凝集，液-液相分離の理解のために不可欠な視点である．タンパク質凝集は産業的にも解決すべき重要な課題で，メカニズムの理解や凝集抑制剤の探索や応用が試みられてきている．そのため，タンパク質凝集の研究成果を基準にすることでドロプレットの理解も深まりやすくなる．タンパク質ではなく，合成ポリマーのドロプレットはかなり古くから研究が進んできているので，当時の教科書を紐解き，相分離生物学の理解のために改めて注目する価値は高いだろう．

9・1 アミノ酸

　アミノ酸とは，アミノ基（-NH$_2$）とカルボキシ基（-COOH）をもつ有機物の総称である．生物学で"アミノ酸"というとき，遺伝子にコードされてタンパク質を構成する19種類のアミノ酸と1種類のイミノ酸（プロリン）の総称として用いられることが多い．イミノ酸とはイミノ基（-NH-）とカルボキシ基をもつ有機物である．

　タンパク質を構成するアミノ酸の構造は主鎖と側鎖に分けられる（図9・1）．アミノ基とカルボキシ基と炭素原子を含んだ領域を主鎖（H$_2$N-CH-COOH）という．アミノ酸の主鎖は，プロリン以外は共通して同じ構造をもっている．アミノ酸は，中性の水溶液中では主鎖のアミノ基が正電荷（＋）を帯び，カルボキシ基が負電荷（－）を帯びる．主鎖のアミノ基とカルボキシ基は脱水反応によってペプチド結合できる．アミノ酸がペプチド結合で連なっていったものが**タンパク質**である．アミノ酸の主鎖ではない部分を側鎖という．水に馴染みにくい側鎖をもつものを**疎水性アミノ酸**といい，直鎖状の脂肪族をもつものや芳香環をもつものがある．一方，水に馴染みやすい側鎖をもつものを**親水性アミノ酸**といい，水溶液中で解離する塩基性や酸性の側鎖を

もつものや，ヒドロキシ基（-OH）やアミド基（-CO-NH₂）をもつものなどがある．

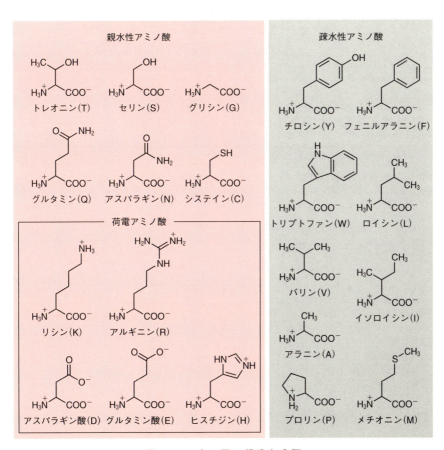

図9・1 アミノ酸の構造と分類

アミノ酸は水に溶けるが，非極性の有機溶媒（炭化水素のような溶媒）には溶けない．アミノ酸は解離基をもっているからである．アミノ酸は水に対して固有の**溶解度**（solubility）と**疎水性指数**（hydrophobicity scale）をもつ（表9・1）．実験的に求めたアミノ酸の水に対する25℃の溶解度を見てみると，4桁も値が異なることがわかる．水に最もよく溶けるアミノ酸はプロリンで，100 mLの水に130 gも溶け，小さなアミノ酸のグリシンやアラニンやセリンも水によく溶ける．しかし，溶解性の実験データは直感に反するようなものもある．たとえば，トリプトファンやフェニルアラ

ニンは，水に溶けにくい芳香環を側鎖にもっているにもかかわらず水に比較的よく溶ける．フェニルアラニンにヒドロキシ基がついたチロシンは，フェニルアラニンよりも水に溶けやすそうだが，溶解度が低いのも実験的な事実だ．また，塩基性アミノ酸のアルギニンやリシンは水によく溶けるのに対して，酸性アミノ酸のアスパラギン酸やグルタミン酸は溶けにくい．アミノ酸の溶解度は，官能基の性質だけで決まるのではなく，局所的な構造や対イオンの影響も受けるからだろう．

表9・1 アミノ酸の溶解度と疎水性指数[a]　　アミノ酸の溶解度は25℃での100 mLの水に溶けるアミノ酸のグラム数で，Hamedらの実測値[1]を表示した．疎水性指数はKyteとDoolittleによるこれまで求められた指数[2]を示した．

アミノ酸	溶解度	疎水性指数	アミノ酸	溶解度	疎水性指数
アラニン	16.63	1.8	ロイシン	2.19	3.8
アルギニン	19.59	−4.5	リシン	24.66	−3.9
アスパラギン	2.51	−3.5	メチオニン	5.59	1.9
アスパラギン酸	0.51	−3.5	フェニルアラニン	2.80	2.8
システイン	2.56	2.5	プロリン	130.07	1.6
グルタミン酸	0.88	−3.5	セリン	36.57	−0.8
グルタミン	4.25	−3.5	トレオニン	9.79	−0.7
グリシン	25.23	−0.4	トリプトファン	1.32	−0.9
ヒスチジン	4.36	−3.2	チロシン	0.054	−1.3
イソロイシン	3.17	4.5	バリン	5.87	4.2

a) M. Fleck et al., 'Amino Acid Structures', "Salts of Amino Acids", 21-82 (2014) より．

疎水性指数とは，アミノ酸の水とアルコールなどとの溶解度の差を求め，そこからグリシンの溶解度を引くことで，側鎖の疎水性だけを指標化したものである．最初期のこのコンセプトは，1971年のNozakiとTanfordの値がある[3]．アミノ酸の溶解性から，タンパク質の高次構造の形成のメカニズムに迫ろうというものである．

現在も広く引用される疎水性指数として1982年に報告されたKyteとDoolittleの値がある[4]．アミノ酸側鎖の水と真空中の間の移相自由エネルギーと，立体構造を形成するタンパク質の内部と外部にあるアミノ酸から求められてきた指数を統合したものである．疎水性指数の高いアミノ酸は，イソロイシンやバリン，ロイシンなどの脂肪族アミノ酸が並び，疎水性指数の低い親水性のアミノ酸にはアルギニンやリシン，アスパラギン酸などの荷電アミノ酸が並ぶ．ちなみにこの論文は，2014年までに報告されたすべての原著論文（約5800万本）の中でベスト100に入るほど引用されている[5]．これだけハイインパクトな論文であることからもわかるとおり，実験的に求めたアミノ酸の疎水性の指数は，タンパク質の構造や凝集などのさまざまな現象の理解のために利用価値が高いのである．これから生物学的な相分離性を理解

するためには，アミノ酸レベルでの溶解性や疎水性の理解が改めて重要になるだろう．

9・2 タンパク質の高次構造

多くのタンパク質は固有の立体構造を形成する．タンパク質の立体構造は，階層的な構造として理解することができる（図9・2）．タンパク質の高次構造は，次のように一次構造から四次構造までに分けられる．

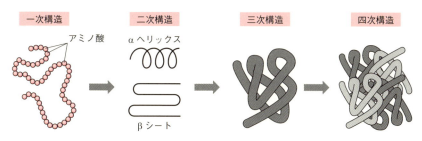

図9・2　タンパク質の高次構造

一次構造（primary structure）とは，タンパク質のもつアミノ酸の連なりのことをいう．ジスルフィド結合や付加された糖鎖なども含め，共有結合してできた構造のことをすべて一次構造とよぶことが多い．

二次構造（secondary structure）とは，タンパク質の主鎖の折りたたみパターンのことをいう．ペプチドの紐を端から巻いていく形を**αヘリックス**という．主鎖のアミノ基とカルボキシ基が水素結合をし，3.6個のアミノ酸残基当たり1回転するらせん構造をもっている．らせんの外側にアミノ酸の側鎖が伸びる．一方，ペプチドの紐が並ぶ形を**βシート**という．こちらも同様に隣にある主鎖のアミノ基とカルボキシ基が互いに水素結合をする．βシートを形成する1本のペプチド鎖を**βストランド**という．βストランドの主鎖の向きは平行に並ぶものと逆平行に並ぶものがある．アミノ酸の側鎖はβストランドの上下に交互に出る形になる．αヘリックスとβストランドのほかにも，四つのアミノ酸残基で折返すターン構造も二次構造とよばれることがある．なお，二次構造という用語は，タンパク質に限らずRNAの折りたたみパターンをさして使うこともある．

三次構造（tertiary structure）とは，タンパク質の側鎖の相互作用を含めた三次元的な立体構造のことをいう．タンパク質の内部は，疎水性の高いアミノ酸が会合していたり，また，正電荷と負電荷の側鎖が近くに位置してイオン対を形成していたりするため，疎水性の高い環境になっている．一方，タンパク質の表面は，親水性のア

ノ酸や電荷をもつアミノ酸があることが多く，水に馴染みやすくなっている．

四次構造（quaternary structure）とは，複数のタンパク質が会合した構造のことをいう．複数のペプチド鎖からなるタンパク質が集まった構造を四次構造，1本のペプチド鎖からなるが一見すると異なる部分に別れており，機能的にも独立している構造を**ドメイン**とよび分けることがある．また，四次構造を構成するタンパク質の一部のことを**サブユニット**ということがある．

さらに，**五次構造**（quinary structure）という用語もある（§7・5参照）．四次構造はタンパク質間の特異的な会合があるものをさすが，五次構造とは本書でいうドロプレットのことをさす．五次構造という用語は1982年にはじめて登場し[6]，四次構造までの用語と比較して使用されることも少なかった．タンパク質の研究は長年，個々の分子の構造や，明確な相互作用の対象がわかる会合を対象としてきたのであり，五次構造のような流動性のあるドロプレットは注目されてこなかったからである．

9・3 アミノ酸側鎖間の相互作用

タンパク質が水中に溶けているとき，タンパク質の分子内や分子間，または水分子との多様な相互作用がある（表9・2）．その結果，タンパク質はネイティブ構造を形成したり，凝集体を形成したり，ドロプレットを形成したり，または水に分散していたりする．ここではアミノ酸側鎖間の相互作用を整理する．

表9・2 タンパク質の相互作用 相互作用は遠距離まで働くのか，イオン溶液中でも働くのかなどの違いがある．それぞれの相互作用は，高次構造の安定化に働くのか，凝集体の安定化に働くのか，ドロプレットの安定化に働くのか，役割が異なっている．

相互作用	距離	イオン溶液中	高次構造	凝集体	ドロプレット
静　電	遠	×	○	○	○
カチオン-π	近	○	△	△	◎
疎水性	近	◎	○	◎	×
π-π	近	○	△	△	◎
水素結合	近	○	○	△	△

静電相互作用は，正電荷（＋）をもつアミノ酸と負電荷（－）をもつアミノ酸が引合う相互作用のことをいう．プラスとマイナスだと電気的に引合うが，プラス同士やマイナス同士だと反発する力になる．疎水性相互作用は，脂肪族アミノ酸や芳香族アミノ酸の相互作用で，タンパク質の構造の安定化の主要な役割を担っている．水素結合は，水素原子と酸素原子や窒素原子の間に生じる相互作用で，タンパク質分子同士や水分子との間に多様な水素結合ネットワークがつくられている．

ドロプレットの安定化にとって重要だと考えられているものに，カチオン-π相互作用やπ-π相互作用がある．フェニルアラニンやチロシン，トリプトファン，ヒスチジンは，側鎖に芳香環をもち，π電子系によって非局在化した電子がある．このような芳香環が平行に並び，ロンドン分散力によって結合するものを**π-π相互作用**という．また，芳香環のもつ電子が正電荷をもった領域との相互作用を**カチオン-π相互作用**という．

π電子系は，ペプチド主鎖のアミド基と，側鎖のアミド基やカルボキシ基やグアニジニウム基の間にも形成される．そのため，グルタミンやアスパラギン，グルタミン酸，アスパラギン酸，アルギニンもπ-π相互作用に関わることができる．RNA結合タンパク質の低複雑性ドメインはこれらのアミノ酸を多くもつので，π-π相互作用やカチオン-πがドロプレット形成の安定化に重要であると考えられている．たとえば，天然変性タンパク質のDdx4がもつフェニルアラニンをアラニンに置換すると，ドロプレットの形成能が低下するが[7]，このような例はたくさん報告されている．

疎水性相互作用は固有の立体構造を形成するタンパク質のおもな安定化因子だが，一方で，ドロプレットの安定化因子にはならないのが大きな違いである．疎水性相互作用によって非特異的な会合が進むと流動性がなくなり，いわゆる凝集体になってしまうからである．そのため，ドロプレットを形成するアミノ酸の種類には特徴がある（図9・3）．まず，カチオン-π相互作用やπ-π相互作用をするカチオン性アミノ酸のリシン（K）やアルギニン（R）と芳香族アミノ酸であるフェニルアラニン（F）やチロシン（Y）がある．静電相互作用のために働くのは，カチオン性アミノ酸のKとRのほか，アニオン性アミノ酸であるアスパラギン酸（D）とグルタミン酸（E）である．また，アミロイドを形成しやすいグルタミン（Q）とアスパラギン（N）がある．この8種類のアミノ酸が，おもなドロプレットの構成因子になる．ここには疎水性相互作用に重要な役割を担う脂肪族アミノ酸が含まれていない．そのため水を含みやすく流動性があるのが特徴である．

液-液相分離しやすいアミノ酸は，小型アミノ酸であるグリシン（G）やセリン（S）と低複雑性ドメインを構成していることが多い．たとえばRG, RGG, KSなどのようにカチオン性のアミノ酸や，YG, FG, GY, SYなどのように芳香族アミノ酸と組合わされている．小型アミノ酸はカチオン性アミノ酸や芳香族アミノ酸の近くに配置されることで，カチオン-π相互作用を助けていると考えられる．

静電相互作用は距離に反比例して働く遠距離にまで影響する力である．そのためドロプレットは，静電相互作用で集合体を形成しながら，カチオン-π相互作用やπ-π相互作用による近距離相互作用で安定化される．ドロプレットは，固有の構造をもつタンパク質のようにリジッドな三次元構造をもつのではなく，水分子を多く含んだ柔

らかく動的な構造をもつ（図9・4）．ドロプレットは多点での相互作用で安定化されているため，**マルチバレント相互作用**（multivalent interactions）と表現されることが多い．

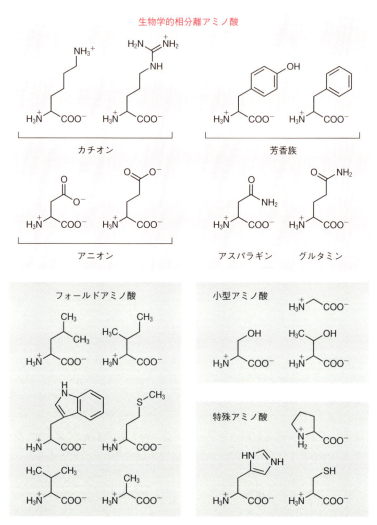

図9・3　**相分離性を考えるためのアミノ酸の分類**　生物学的相分離アミノ酸とよべるものや，カチオン-π相互作用をするものや，カチオンとアニオンの静電相互作用をするもの，グルタミンやアスパラギンがある．一方，固有の構造をもつフォールドタンパク質には脂肪族アミノ酸が重要な役割を担う．

静電相互作用は生理的なイオン強度の水溶液中ではかなり弱められる．しかし，カチオン-π相互作用はイオン強度の高い環境でも働くため生体材料にも広くみられるのが特徴だ．一例として紹介すると，ムール貝の接着タンパク質は，塩基性アミノ酸と芳香族アミノ酸とをおもにもつペプチドである[8]．この生体の材料にヒントを得た浦項工科大学校の Dong Soo Hwang の研究チームは，ムール貝由来の12残基からなるペプチドと，正電荷を末端にもった親水性ポリマーを混合した[9]．その結果，この正電荷をもつ2種類のポリマーはドロプレットを形成することを発見した．つまり，両者とも正電荷をもっているため，静電的に反発するはずだが，カチオン-π相互作用ができるとドロプレットが安定化されるのである．このような引力と反発力のバランスでドロプレットの安定性が決まるのである．

ドロプレットの安定化には，上述のような側鎖の相互作用のほか，主鎖の間の短いクロスβが重要な役割を担うという説も有力である[10]．細胞内に起こる"生物学的相分離"を理解するためには，このようなタンパク質に固有の特性のほかにも，水分子を含めた熱力学的な見方も不可欠だろう．

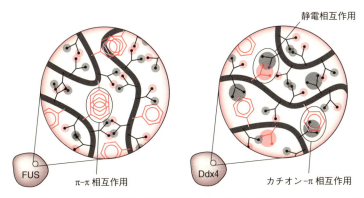

図9・4　ドロプレットにある側鎖間の相互作用のイメージ　[C. P. Brangwynne *et al.*, 'Polymer physics of intracellular phase transitions', *Nature Physics*, **11**, 899-904 (2015) より改変]

9・4　タンパク質の凝集

　タンパク質の凝集はタンパク質の液-液相分離と比べて研究の歴史も古く，理解がかなり深まっている分野である．タンパク質の凝集は，加熱や pH 変化，変性剤の添加などによって生じる．泡のような気液界面でも，基材への吸着でも，化学的に劣化することでも凝集しやすい．さまざまな要因で凝集するのがタンパク質の特徴である．

　ここで例として，加熱によるタンパク質の凝集を見てみたい．タンパク質の加熱凝

集は再現性の取りやすいモデル実験系が組みやすく,溶液に添加した低分子から凝集の相互作用を理解するなどの研究が進んでいる分野である[11].タンパク質の水溶液を加熱すると白濁する(図9・5).白濁する過程を分光光度計などで時間変化を調べてみると,最初は透明だったものが,濁度が急速に増える様子がわかる.詳細に見ると,しばらくの時間タイムラグがある.このとき生じている変化は,計測装置によって検出できないためである.この間にタンパク質が構造変化して凝集前駆体ができているのだと考えられる.一定量の凝集前駆体ができた後は速やかに凝集が成長する様子が観察できる.

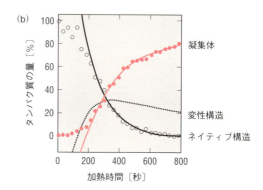

図9・5 タンパク質の加熱凝集　(a) タンパク質溶液の加熱前と加熱後の写真.凝集体ができると白濁するのがわかる.(b) タンパク質を加熱して凝集させ,それぞれの状態のタンパク質の量を調べたもの.赤丸は凝集体,白丸はネイティブ構造,点線は変性構造の割合をそれぞれ示す.凝集体や変性したタンパク質の残存量は,実線で示した単一指数関数によく一致する.

タンパク質凝集のプロセスを分子レベルで考えると次のようになる(図9・6).まず,加熱に伴いネイティブ構造が壊れ,疎水性の領域がタンパク質表面に露出する.その結果,タンパク質分子の間で疎水性相互作用によって会合し,サブミクロン程度

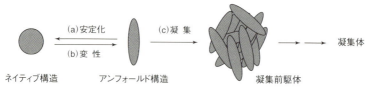

図9・6 タンパク質凝集の典型的なプロセス　ネイティブ構造から変性構造へと変化し,疎水性相互作用によって凝集前駆体ができる.それらが会合することで凝集体に成長する.凝集体の形成を防ぐには,(a) タンパク質を安定化する,(b) 変性を防ぐ,(c) 凝集を防ぐ,という三つの方法があることがこのスキームからわかる.

の大きさをもった"凝集前駆体"の粒子になる．さらに，この凝集前駆体が会合していき，"凝集体"へと成長していく[12]．このように，凝集は，凝集前駆体の形成と，凝集前駆体同士の会合による凝集体の成長という2段階があるのが特徴だ．ちなみに2種類以上のタンパク質が含まれていても，基本的には同じように凝集前駆体の形成と，それらの会合という2段階の過程がみられる[13]．

ロシア科学アカデミーのBoris Kurganovの研究チームは，加熱したタンパク質にみられる凝集前駆体を**スタート凝集体**（start aggregates）と名付け，理論的な考察を深めている[14]．凝集前駆体は，タンパク質の種類によらずサブミクロンくらいのサイズで止まるのは興味深い実験的な事実である．タンパク質の集合体にとってこのサイズが何らかの理由で安定であるということを意味する．これがなぜなのか現在の物理化学的な知識だけでは説明できない．このようなメソスコピックなスケールでの生体分子の振舞いは謎が多く，これからの発展が期待される分野である．

9・5　タンパク質の共凝集

2種類以上のタンパク質が一緒に凝集するとき，"co（共に）"という接頭語を凝集（aggregation）に付けて**共凝集**（co-aggregation）とよぶ．たとえば，卵白を茹でると固まる現象は，凝集の一種だが，複数のタンパク質が関わっているので厳密には共凝集と表現するのが正しい[15]．

1種類のタンパク質が含まれる溶液を加熱すると白濁するが，2種類以上のタンパク質が含まれる溶液を加熱しても同じように白濁する（図9・7）．両者は見た目には区別できないが，形成のメカニズムは異なる．溶液中に1種類のタンパク質しか含ま

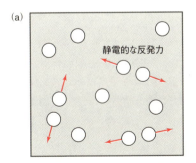 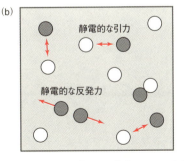

図9・7　タンパク質溶液に働く静電相互作用　1種類のタンパク質だけが含まれていると基本的には静電的な反発力が働くが，2種類のタンパク質が含まれていると同種の分子間には静電的な反発力が働くが，pHによっては異種の分子間に静電的な引力が働く．［S. Oki *et al.*, 'Mechanism of co-aggregation in a protein mixture with small additives', *Int. J. Biol. Macromol.*, **107**(Pt B), 1428–1437 (2018) より改変］

れていない場合，タンパク質を均質な剛体球とみなせば，基本的には静電的な反発が働いているはずである．なぜならタンパク質は固有の等電点をもっているため，それより高いpHだと正電荷を，低いpHだと負電荷を帯びるからである．

しかし，2種類のタンパク質が含まれている場合，両者の等電点は通常異なるので，溶液のpHによっては静電的引力が働くこともある．そのため，2種類のタンパク質が含まれている溶液を加熱すると，いずれのタンパク質の変性温度よりも低温で加熱しても凝集することがある．このことを弱酸性の等電点（pH=5.1）をもつウシのβ-ラクトグロブリンと，弱塩基性の等電点（pH=10.7）をもつ卵白リゾチームとを混合する実験で示した例がある[16]．これらのタンパク質が熱変性しない温度で加熱すると，それぞれのタンパク質だけしか含まれていない溶液は凝集しないが，両者を混合した溶液には凝集が生じる．同じ結果が，リゾチーム（正電荷）とオボアルブミン（負電荷）の組合わせでも示されている[17]．

多種多様なタンパク質が含まれていると，静電的な引力が働く組合わせもあるため，1種類のタンパク質が含まれた溶液と比べて基本的には凝集しやすい．そして，いったん凝集が進めば，ネイティブ構造をもったタンパク質も静電的に引付けられ，巻き込まれるようにして変性し，疎水性相互作用によって凝集が進んでいく．たとえば，卵白のように数十種類ものタンパク質が混合した溶液は，1種類のタンパク質だけが溶けた状態よりもはるかに凝集しやすい性質があるのは実験的にも明らかになっている[18]．そのため，アルギニンのような凝集抑制剤は，1種類のタンパク質による

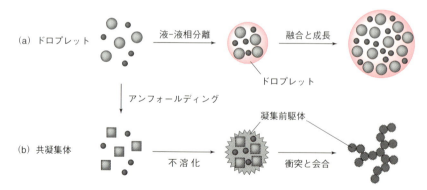

図9・8　共凝集体とドロプレットの成長の違い　　（a）2種類のタンパク質をきわめて低イオン強度の条件で混合すると，静電的な引力によって液-液相分離したドロプレットが形成される．ドロプレットの成長は融合である．（b）一方のタンパク質を熱で変性させた後，2種類のタンパク質を混合すると，サブミクロン程度の凝集前駆体が形成され，その凝集前駆体同士が会合して成長する．[K. Iwashita *et al.*, 'Coacervates and coaggregates: Liquid-liquid and liquid-solid phase transitions by native and unfolded protein complexes', *Int. J. Biol. Macromol.*, **120**(Pt A), 10-18 (2018)より改変]

凝集よりも多種類のタンパク質からなる共凝集の方が,効果が高まるのだ[19]．液‐液相分離も似た原理で説明できるとすれば,多種類が含まれたドロプレットは低分子によって形成と溶解が制御されやすと考えられる．

イオン強度の低い条件で2種類のタンパク質を混合すると,両者の等電点の間のpHでは会合しやすい[20]．ネイティブ構造をもったオボアルブミンと卵白リゾチームを混合するだけでも白濁し,顕微鏡で見ると球状をしたドロプレットが観察できる．一方,オボアルブミンをあらかじめ80℃で30分間加熱し,室温に戻したサンプルを準備する．この熱処理したオボアルブミンとネイティブ構造をもったリゾチームを混合すると,ドロプレットではなく不定形の凝集体が観察される（図9・8）．ドロプレットは流動性をもっているため,ドロプレットの成長は融合によって進む．他方,共凝集体は流動性がない不溶性の凝集前駆体をまず形成し,凝集前駆体が会合しながら大きな凝集体へと成長していく．このように,液‐液相分離と凝集とはまったく同じタンパク質の組合せでつくり分けることができることからもわかるように,細胞内にあるドロプレットの性質を厳密に定義するのは難しいのである．

9・6 タンパク質凝集抑制剤

タンパク質の凝集は低分子の添加剤を加えることである程度は制御できる[21]．§6・6で述べた**オスモライト**は,ネイティブ構造を安定化することでタンパク質の凝集を間接的に防ぐ働きを示す．似たような働きをするものに,§5・7で紹介した**コスモトロープ**がある．オスモライトもコスモトロープも,水に馴染みやすい性質があるためにタンパク質の表面からは排除される．その結果,タンパク質の構造をコンパクトにしようとする働きとして現れ,ネイティブ構造が安定化される．一方,変性した構造から凝集前駆体への会合を抑制する働きをもつ添加剤がいくつか知られている．**尿素**や**カオトロープ**などは,水分子よりもタンパク質分子と馴染みやすいため,タンパク質によく結合する働きがある．この働きによってタンパク質の凝集を防ぐが,高濃度の尿素やカオトロープを加えるとタンパク質を変性させてしまう．

このように,低分子を加えるだけでネイティブ構造と変性構造の平衡が移動し,また,凝集前駆体を形成する速度が変化し,その結果,凝集を防いだりタンパク質の構造を安定化したりできるというのは実験的にもおもしろい事実である．このような結果を踏まえると,細胞内にあるドロプレットの形成も低分子に影響を受けていることが容易に想像できる．試験管内での凝集の研究で蓄積されてきた成果がこれから細胞内のドロプレットを理解する研究に応用されていくだろう．実際に,ATPがFUSのドロプレットを溶かすという先駆的な報告も紹介したとおりである（§6・5参照）．

添加剤を加えることでタンパク質のネイティブ構造を安定化したり凝集を抑制した

りできる（表 9・3）．水溶液中でイオンに分かれる塩などは，静電遮蔽の効果をもつために静電相互作用を弱める働きがある．しかし，イオンによってはタンパク質に結合しにくいコスモトロープや，逆にタンパク質に結合しやすいカオトロープがあり，タンパク質の構造を安定化したり不安定化したりする．**変性剤**（denaturant）とよばれる尿素や塩酸グアニジンは疎水性分子と馴染みやすい性質があるので，タンパク質のネイティブ構造を壊したり，凝集を抑制したりする働きがある．オスモライト（§6・6参照）や糖質はタンパク質の構造を安定化する働きがあるが，同じメカニズムでこれらを高濃度加えると凝集が進みやすくなる．また，アミン化合物にはタンパク質を加熱したときの化学劣化を抑制する働きがあるのも応用の価値の高い特徴だ[22]．

表 9・3 タンパク質溶液への添加剤　それぞれ異なった分子機構によってネイティブ構造や凝集体への異なった効果を示す．

添加剤	分子機構	効果
塩（NaCl）	静電遮蔽	静電相互作用の阻害
コスモトロープ（Na$_2$SO$_4$，NaF）	静電遮蔽	静電相互作用の阻害
	選択的水和	ネイティブ構造の不安定化，凝集の促進
カオトロープ（NaSCN，NaI）	静電遮蔽	静電相互作用の阻害
	選択的結合	ネイティブ構造の不安定化
変性剤（尿素，塩酸グアニジン）	選択的結合	ネイティブ構造の不安定化，凝集の抑制
オスモライト（TMAO[†]，ベタイン）	選択的水和	ネイティブ構造の安定化，凝集の促進
糖（スクロース，トレハロース）	選択的水和	ネイティブ構造の安定化，凝集の促進
アルギニン	芳香環への結合	凝集の抑制
アミン化合物（スペルミジン，スペルミン）	化学劣化の抑制	加熱による失活の抑制

† TMAO：（トリメチル）アミンオキシドの略号．

　添加剤として広く用いられている分子としてアルギニンがある．アルギニンは，タンパク質を変性させないにもかかわらず，タンパク質の凝集を抑制するため，きわめて使いやすい凝集抑制剤である．アルギニンは天然アミノ酸の一種である．分子量 174.2，塩基性のグアニジニウム基およびアミノ基と，酸性のカルボキシ基をもっており，中性条件では正電荷を帯びている．アルギニンをタンパク質溶液への添加剤として使った最初の報告は 1991 年になる[23]．組換えタンパク質を正しくフォールディングさせるためにアルギニンを加えると効果が高まるという発見だった．後年，その論文の著者の一人である Rainer Rudolph が述べているように，アルギニンを入れておくとリフォールディング収率が改善するのは偶然の発見だったようである[24]．

この発見以降，アルギニンはタンパク質凝集抑制剤としてさまざまな応用が進められてきた．すでに論文として報告されているものだけでも，タンパク質の加熱による凝集や化学劣化の抑制のほか，高濃度タンパク質の粘度の低下，カラムクロマトグラフィーの溶出剤としての利用，難溶性ペプチドの溶解性の改善，タンパク質の結晶化効率の向上，ウイルスの不活化などがある[25]．産業的なニーズとして特に価値が高いのは，タンパク質の精製への利用である[26]．抗体や酵素薬などのタンパク質の薬は，凝集させずに精製を進めることが品質管理として重要である．そこで，カラム担体に吸着させたタンパク質を安全に解離させるために，アルギニンが活躍している．アルギニンはタンパク質を変性させずにタンパク質の溶解性を改善できるため，アフィニティーやイオン交換，ゲル沪過など多様なクロマトグラフィーに広く利用されている．

このようにタンパク質の研究を支えるアルギニン溶液だが，アルギニンがタンパク質に及ぼすメカニズムは単純である．アルギニンの側鎖のグアニジニウム基が，芳香族化合物とカチオン-π相互作用するためである．実際に移相の自由エネルギーを算出すると，カフェ酸[27]やクマリン[28]などの低分子化合物だけでなく，RNAやDNAのもつ核酸塩基[29]なども含めた芳香族分子は，水中に溶けているよりも1Mのアルギニン溶液中にある方が，数 kJ mol^{-1}ほど安定である．

本書にも，FUSの分子内での相互作用や，天然変性タンパク質の低複雑性ドメインとRNAとの相互作用などさまざまなところでカチオン-π相互作用が登場してきたが，凝集を防ぐためにも同じ相互作用が鍵を担っているのは興味深い共通点である．凝集を低分子でコントロールするという研究は産業的な応用を目指したもので，研究が盛んに行われてきたが，このような知見を逆に応用し，添加剤を加えることで鍵となる相互作用を明らかにする方法が，液-液相分離の研究にも使えるだろう．

9・7 タンパク質高分子電解質複合体

高分子電解質とは，解離基をもつ高分子のことをいう．高分子電解質は，水溶液中では解離基が解離するためにポリイオンになる．正電荷をもつポリイオンと負電荷をもつポリイオンを混ぜると複合体ができる．これを**ポリイオンコンプレックス**という．ポリイオンコンプレックスは1940年代にFuossとSadekによってはじめて報告され[30]，現在ではバイオ医薬品のドラッグデリバリーシステムや安定化技術などの生物医学的な応用が進められてきた．

ネイティブ構造をもつタンパク質と高分子電解質とを混合すると複合体ができる．タンパク質と高分子電解質の複合体を，**タンパク質高分子電解質複合体**（protein-polyelectrolyte complex，PPC）という．PPCは条件によって不定形の凝集体を形成

したり，溶液によく分散した状態になったりするが，液-液相分離したドロプレットも形成する．

ここで，ポリ-L-グルタミン酸（polyE）を例に，高分子電解質の基本的な性質を見てみたい．polyEは中性の水溶液中では負電荷をもっており，広がった構造をとっている．しかし，酸性条件にすると電荷がなくなるためグルタミン酸側鎖の間の静電的な反発がなくなる．その結果，主鎖の間で水素結合を形成してαヘリックスを形成し，比較的コンパクトな構造になる．このように，高分子電解質は解離基の電荷状態によって構造が変化する特徴がある．

ここで，弱酸性の溶液中でpolyEと免疫グロブリンG（IgG）を混合すると，polyEは負電荷を，IgGは正電荷をもっているので複合体を形成する[31]．このpolyE-IgGによるPPCを位相差顕微鏡で観察すると，pH 4では不定形の凝集体が観察できるが，pH 6では球状のドロプレットが観察できる（図9・9）．polyEが長くなるとドロプレットではなく凝集体が観察される．ポリマーのサイズとpHのほかに，温度，圧力，撹拌の有無，イオン強度，低分子の存在など，PPCの状態はさまざまな条件の影響を受けて変化する[32]．もちろんIgGをモノクローナル抗体や酵素などの別のタンパク質にしても条件は変化する．

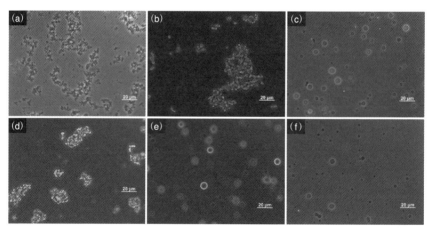

図9・9 polyEとIgGの複合体の位相差顕微鏡像 (a)〜(c)は50〜100 kDaのpolyE，(d)〜(f)は3〜15 kDaのpolyE．(a)と(d)はpH 4，(b)と(e)はpH 5，(c)と(f)はpH 6．溶液のpHやpolyEのサイズによって異なる形状をもったポリイオンコンプレックスが形成されるのがわかる．不定形のものは凝集しており元に戻しにくいが，球状のものは塩を加えるだけでも溶ける［A. Matsuda *et al.*, 'Liquid droplet of protein-polyelectrolyte complex for high-concentration formulations', *J. Pharm. Sci.*, **107**(**10**), 2713-2719 (2018)より］

PPCによるドロプレットはバイオ医薬品となるモノクローナル抗体や酵素薬の溶液製剤として期待されている状態である[33]．PPCがドロプレットを形成すれば可逆性が高く，§7・3で述べたようなゲルを形成することでタンパク質を安定化させることも可能である[34]．ドロプレットPPCの形成の報告があるものとして，白血病の薬のアスパラギナーゼのような酵素や，気管支喘息の薬のオマリズマブ（商品名：ゾレア）や関節リウマチの薬のアダリムマブ（商品名：ヒュミラ）などのモノクローナル抗体，ペプチドホルモンなどがある[35],[36]．

このように，構造をもったタンパク質に高分子電解質を非特異的に結合させることで集合体を形成させることができるのは興味深い事実である．ドロプレットを形成させることで酵素反応を集約させたり基質を濃縮したりもでき，またドロプレットを形成させている間は不活性に保つなどの仕組みになるので，ドロプレットテクノロジーのような分野がこれから広がっていくのだろう．

9・8 液-液相分離の安定化原理

ここで，液-液相分離の仕組みを熱力学から考えてみたい[37]．分子Aと分子Bが混合しており互いに相互作用しない場合，混合比に対する自由エネルギーを図示すると，一つの谷をもった形になる（図9・10）．もし，AとBが反発するような場合，自由エネルギーは二つの谷をもった形になる．つまり，両者の谷の間にある濃度で混ぜると相分離することになる．このような状態では，AとBとが均質に混じるよりも，AはA同士が，BはB同士が好ましいために，不均一な濃度比の二つの液相に分かれるのである．たとえば，ポリエチレングリコールとデキストランのような単純な高分子でも，それぞれ10％程度の濃度を加えて混ぜても，しばらくすると二つの相にきれいに分離する．

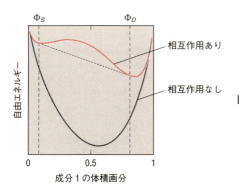

図9・10 2種類の分子を混合したときの自由エネルギー 相互作用がない場合には一つの安定な谷があり，相互作用がある場合には二つの安定な谷をもつ形になる．[A. A. Hyman *et al.*, 'Liquid-liquid phase separation in biology', *Annu. Rev. Cell Dev. Biol.*, **30**, 39-58 (2014) より]

二つの分子に引力の相互作用がある場合にも液−液相分離してドロプレットを形成する．たとえば，正電荷をもつ天然変性タンパク質と負電荷をもつ RNA は，静電的な引力によって会合する．2 分子の混合比を横軸にとり，縦軸に温度などの条件をとると，1 相の条件と 2 相の条件が区別できる**相図**（phase diagram）を描くことができる（図 9・11）．異なる種類の分子が共存する場合，均質に混じり合う 1 相になる条件と，異なる濃度をもった 2 相に相分離する条件の境目に"共存線"を引くことができる．水平に引いた線を"タイライン"という．共存線とタイランとの交点が，その条件でのドロプレットの濃度になる．図にある条件 2 から条件 4 までは，いずれも薄い濃度（C_L）の相と濃い濃度（C_D）の相の 2 種類に分離する．条件 1 と条件 2 は分子の混合比が異なっており，条件 1 は相分離せず均質に混じり合い，条件 2 は 2 相に分離する．

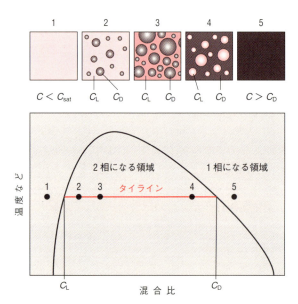

図 9・11 相 図　2 種類の分子の濃度を変化させたとき，温度や pH などの条件によって 2 相が存在する領域と 1 相に混じり合う領域とが存在する．タイライン上にある条件では，一方の分子が薄い（C_L）相と濃い（C_D）相の 2 相に分離する．［S. Alberti *et al.*, 'Considerations and challenges in studying liquid–liquid phase separation and biomolecular condensates', *Cell*, **176**(3), 419–434 (2019) より改変］

相図の共存線は混合する分子の相互作用の強さによっても変化する．繰返し配列が多い分子の場合，多価性によって液−液相分離しやすくなる．そのため，相図を描くと共存線はより広い面積を占めることになるだろう．また，タンパク質がリン酸化や

メチル化などの翻訳後修飾を受けると,ほかのタンパク質や溶媒分子との相互作用の強さが変化するので相図も変化する.このようなわずかな化学修飾が液-液相分離のしやすさに影響を及ぼし,それがシグナル伝達や遺伝子の発現制御などの高次の生命現象とつながることが,このような高分子の科学からも推測できるのがおもしろい.

9・9 クラウディングと排除体積

細胞内はタンパク質や代謝産物など多様な有機物が含まれている.細胞内にある生体分子は体積分率で5%から40%であり,濃度にすると 400 mg mL^{-1} にもなる[38].このように分子で混み合った状態を**分子クラウディング**(molecular crowding)という[39].

Allen Minton は細胞内のクラウディングを理解するための見方を構築してきた研究者である.たとえば,球状の分子が水溶液の中の30%の体積を占めている場合を考えよう.理論的には体積の70%は利用可能であるはずだが,どの分子がそこに入るのかによって利用可能な体積は減少する.大きな分子が入るときには利用できるスペースがほとんどなくなるからだ(図9・12).このような効果を**排除体積効果**(exclusion volume effect)という[40].

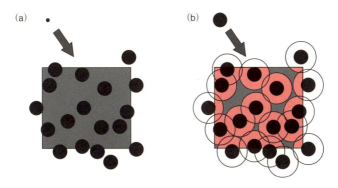

図9・12 排除体積効果　AとBは黒丸で示した同じ粒子が溶液に溶けている状態を表しているが,そこにさらに加えられようとする分子のサイズが異なる場合,小さな分子の場合には広い体積に入り込めるが,大きな分子の場合には入り込める余地がほとんどないことがわかる.[A. P. Minton, 'The influence of macromolecular crowding and macromolecular confinement on biochemical reactions in physiological media', *J. Biol. Chem.*, **276**(**14**), 10577-10580 (2001) より改変]

クラウディング中では排除体積効果のためにタンパク質は広がった構造をとりにくい.その結果,タンパク質のネイティブ構造が安定化される.同じメカニズムで,多量体を形成するタンパク質は会合した状態が安定化される.このようなクラウディン

グ中こそが，タンパク質が働いている本来の場所なのである．

　Dirar Homouz らは，ライム病をひき起こすボレリア菌由来タンパク質 VlsE をモデルに，クラウディングの影響を調べた結果を報告している[41]．フィコールとよばれるスクロース（ショ糖）からつくられた親水性のポリマーを溶液に加えることでクラウディングを再現した．その結果，クラウディング中では，VlsE は球状のコンパクトな構造をとることがわかった．一方，X 線結晶構造解析によって明らかにされた構造は，フットボール型の構造であり，活性中心が内部に埋もれていたのである[42]．つまり，VlsE は，希薄な溶液中ではフットボール型の構造を形成して不活性であり，クラウディング中では球状の構造を形成して活性型になるのである．このような結果を見てみると，高分子で混み合った溶液が，タンパク質の本来の構造形成に不可欠であることがわかる．

　クラウディングの効果は，実際の細胞内ではさまざまなタンパク質に影響を及ぼすはずである．Martin Gruebele の研究チームは，ホスホグリセリン酸キナーゼ（PGK）の構造が細胞内でどのように変化するのかを，直接観察する先駆的な実験を報告している[43]．PGK を骨肉腫細胞の中で発現させ，安定性やフォールディング速度を蛍光共鳴エネルギー移動（FRET）の仕組みを利用して実測したところ，細胞周期に依存して安定性も変化したのである．PGK の熱変性温度は，試験管内のものと比べて細胞周期の間期にあるものの方が 2.5 ℃ 高く，M 期になるとさらに 2.5 ℃ 高くなることがわかった．M 期にある PGK の変性温度は，間期のものよりもばらつきが大きかったので，M 期にある細胞の内部はより多様なのだろうと考察している[44]．

　細胞内のタンパク質の安定性は，単量体でのフォールディングや複合体形成のような特異的な相互作用だけではなく，さまざまな分子との非特異的な弱い相互作用の影響を受けているのは事実である．緩衝液中での純粋なタンパク質の構造や機能は，細胞内で働いている本来のものとは異なっている可能性が高い．実際に液‐液相分離も混み合いの影響を受け，ドロップレットが形成しやすいという報告もある（§2・7 参照）．このように，細胞内での本来のタンパク質を理解するためには，タンパク質分子だけに焦点を当てるのではなく，周りの環境との相互作用の理解も不可欠なのである．

第 9 章 の 参 考 文 献

1. J. P. Hamend *et al.*, 'Solubilities of the common L-α-amino acids as a function of temperature and solution pH', *Pure and Applied Chemistry*, **69**(5), 935-942(1997).
2. J. Kyte *et al.*, 'A simple method for displaying the hydropathic character of a protein', *J. Mol. Biol.*, **157**(1), 105-132(1982).
3. Y. Nozaki *et al.*, 'The solubility of amino acids and two glycine peptides in aqueous ethanol and dioxane solutions: Establishment of a hydrophobicity scale', *J. Biol. Chem.*, **246**(7), 2211-2217(1971).

4. J. Kyte et al., 'A simple method for displaying the hydropathic character of a protein', *J. Mol. Biol.*, **157**(1), 105-132(1982).
5. R. Van Noorden et al., 'The top 100 papers', *Nature*, **514**(7524), 550-553(2014).
6. E. H. McConkey, Molecular evolution, intracellular organization, and the quinary structure of proteins', *Proc. Natl. Acad. Sci. USA*, **79**(10), 3236-3240(1982).
7. T. J. Nott et al., 'Phase transition of a disordered nuage protein generates environmentally responsive membraneless organelles', *Mol. Cell*, **57**(5), 936-947(2015).
8. Q. Lu, 'Molecular interactions of mussel protective coating protein, mcfp-1, from Mytilus californianus', *Biomaterials*, **33**(6), 1903-1911(2012).
9. S. Kim et al., 'Complexation and coacervation of like-charged polyelectrolytes inspired by mussels', *Proc. Natl. Acad. Sci. USA*, **113**(7), E847-853(2016).
10. M. Kato et al., 'Conceptualization of information transfer from gene to message to protein', *Annu. Rev. Biochem.*, **87**, 351-390 (2018).
11. K. Shiraki et al., 'Small amine molecules: solvent design toward facile improvement of protein stability against aggregation and inactivation', *Curr. Pharm. Biotechnol.*, **17**(2), 116-125(2015).
12. B. I. Kurganov, 'Quantification of anti-aggregation activity of chaperones', *Int. J. Biol. Macromol.*, **100**, 104-117(2017).
13. K. Washita et al., 'Coacervates and coaggregates: liquid-liquid and liquid-solid phase transitions by native and unfolded protein complexes', *Int. J. Biol. Macromol.*, **120**(Pt A), 10-18(2018).
14. N. Golub et al., 'Evidence for the formation of start aggregates as an initial stage of protein aggregation', *FEBS Lett.*, **581**(22), 4223-4227(2007).
15. K. Iwashita et al., 'Control of aggregation, coaggregation, and liquid droplet of proteins using small additives', *Curr. Pharm. Biotechnol.*, **9**(12), 946-955(2018).
16. S. Oki et al., 'Mechanism of co-aggregation in a protein mixture with small additives', *Int. J. Biol. Macromol.*, **107**(Pt B), 1428-1437(2018).
17. K. Shiraki et al., 'Co-aggregation of ovotransferrin and lysozyme', *Food Hydrocolloids*, **89**, 416-424 (2019).
18. K. Iwashita et al., 'Thermal aggregation of hen egg white proteins in the presence of salts', *Protein J.*, **34**(3), 212-219 (2015).
19. T. Hong et al., 'Arginine prevents thermal aggregation of hen egg white proteins', *Food Res. Int.*, **97**, 272-279(2017).
20. K. Iwashita et al., 'Coacervates and coaggregates: liquid-liquid and liquid-solid phase transitions by native and unfolded protein complexes', *Int. J. Biol. Macromol.*, **120**(Pt A), 10-18(2018).
21. H. Hamada et al., 'Effect of additives on protein aggregation', *Curr. Pharm. Biotechnol.*, **10**(4), 400-407(2009).
22. S. Tomita et al., 'Why do solution additives suppress the heat-induced inactivation of proteins? inhibition of chemical modifications', *Biotechnol. Prog.*, **27**(3), 855-862(2011).
23. J. Buchner et al., 'Renaturation, purification and characterization of recombinant Fab-fragments produced in *Escherichia coli*', *Biotechnology (NY)*, **9**(2), 157-162(1991).
24. C. Lange et al., 'Suppression of protein aggregation by L-arginine', *Curr. Pharm. Biotechnol.*, **10**(4), 408-414(2009).
25. K. Shiraki et al., 'Small amine molecules: solvent design toward facile improvement of protein stability against aggregation and inactivation', *Curr. Pharm. Biotechnol.*, **17**(2), 116-125(2015).
26. T. Arakawa et al., 'Protein solvent interaction: transition of protein-solvent interaction concept from basic research into solvent manipulation of chromatography', *Curr. Protein Pept. Sci.*, **20**(1), 34-39 (2019).
27. A. Hirano et al., 'Arginine-assisted solubilization system for drug substances: solubility experiment and simulation', *J. Phys. Chem. B.*, **114**(42), 13455-13462(2010).
28. A. Hirano et al., 'Arginine increases the solubility of coumarin: comparison with salting-in and salting-out additives', *J. Biochem.*, **144**(3), 363-369(2008).
29. A. Hirano et al., 'The solubility of nucleobases in aqueous arginine solutions', *Arch. Biochem.*

Biophys., **497**(1-2), 90-96(2010).
30. R. M. Fuoss *et al.*, 'Mutual interaction of polyelectrolytes', *Science*, **110**(2865), 552-554(1949).
31. A. Matsuda *et al.*, 'Liquid droplet of protein-polyelectrolyte complex for high-concentration formulations', *J. Pharm. Sci.*, **107**(10), 2713-2719(2018).
32. T. Moschakis *et al.*, 'Biopolymer-based coacervates: structures, functionality and applications in food products', *Curr. Opin. Coll. Int. Sci.*, **28**, 96-109(2017).
33. T. Kurinomaru *et al.*, 'Aggregative protein-polyelectrolyte complex for high-concentration formulation of protein drugs', *Int. J. Biol. Macromol.*, **100**, 11-17(2017).
34. T. Maruyama *et al.*, 'Protein-poly(amino acid) precipitation stabilizes a therapeutic protein L-asparaginase against physicochemical stress', *J. Biosci. Bioeng.*, **120**(6), 720-724(2015).
35. S. Izaki *et al.*, 'Feasibility of antibody-poly(glutamic acid) complexes: preparation of high-concentration antibody formulations and their pharmaceutical properties', *J. Pharm. Sci.*, **104**(6), 1929-1937(2015).
36. T. Kurinomaru *et al.*, 'Protein-poly(amino acid) complex precipitation for high-concentration protein formulation', *J. Pharm. Sci.*, **103**(8), 2248-2254(2014).
37. A. A. Hyman *et al.*, 'Liquid-liquid phase separation in biology', *Annu. Rev. Cell Dev. Biol.*, **30**, 39-58(2014).
38. R. J. Ellis *et al.*, 'Cell biology: join the crowd', *Nature*, **425**(6953), 27-28(2003).
39. H. X. Zhou *et al.*, 'Macromolecular crowding and confinement: Biochemical, biophysical, and potential physiological consequences', *Annu. Rev. Biophys.* **37**, 375-397(2008).
40. A. P. Minton 'The influence of macromolecular crowding and macromolecular confinement on biochemical reactions in physiological media', *J. Biol. Chem.* **276**(14), 10577-10578(2001).
41. C. Eicken *et al.*, 'Crystal structure of Lyme disease variable surface antigen VlsE of *Borrelia burgdorferi*', *J. Biol. Chem.*, **277**(24), 21691-21696(2002).
42. D. Homouz *et al.*, 'Crowded, cell-like environment induces shape changes in aspherical protein', *Proc. Natl. Acad. Sci. USA*, **105**(33), 11754-11759(2008).
43. S. Ebbinghaus *et al.*, 'Protein folding stability and dynamics imaged in a living cell', *Nat. Methods*, **7**(4), 319-323(2010).
44. A. J. Wirth *et al.*, 'Temporal variation of a protein folding energy landscape in the cell', *J. Am. Chem. Soc.*, **135**(51), 19215-19221(2013).

10
新しいタンパク質研究

　最後の章では，相分離生物学の発祥期とタンパク質研究の転換期にふさわしい研究をいくつか紹介したい．まず，2018年のノーベル化学賞になった指向性進化法がある．進化とはよく聞く言葉だが抜群におもしろい法則であり，人間が合理的に考えて改変するよりもはるかに優れた分子を生み出すことができる方法だ．続いて，タンパク質のデザイン法の主流になってきた物理学の第一原理から計算する方法を紹介する．このようなタンパク質の研究からもわかるように，人間の思考には限界があり，自然の法則を思考の中に取入れる方法が必要である．さらに，細胞内にあるタンパク質の振舞いを理解する指針として，相分離生物学の基本方程式を整理した．最後に"相分離メガネ"をかけてこれから見ていきたい世界を考える．

10・1　タンパク質の進化

　タンパク質の構造や機能をデザインするタンパク質工学が始まったのは1980年代後半である．遺伝子組換え技術が発見された1970年代を経て，DNAの特別の配列を切断する制限酵素と，DNAを結合する働きのあるリガーゼと，耐熱性ポリメラーゼによってDNAを増やすPCR法が発明され，試験管内での遺伝子操作が自在に行えるようになったのがこの頃だった．希望どおりのタンパク質をデザインできると考えられていた夢のある時代だった．Frances Arnoldも当時，タンパク質工学のアプローチでタンパク質機能を改良しようとしていたが，人間の頭でデザインしても限界があることを誰よりも早く見抜いた一人だった．そこで開発したのが，2018年のノーベル賞の対象になった指向性進化法であった．

　指向性進化法とは，ランダムな変異と自然選択を試験管内につくり出し，タンパク質分子を進化させる方法である．最初の研究の目的は，プロテアーゼの一種であるサブチリシンEを有機溶媒中でも働くよう改変することだった[1]．有機溶媒中で働くと，

加水分解の逆反応であるペプチドの合成に使えるからだ．Arnold らは，サブチリシン E をコードする遺伝子にエラーを誘導する PCR 法を用いてランダムに変異を加え，その遺伝子を細菌に導入した．有機溶媒であるジメチルホルムアミドの溶液中でも活性の高い変異体をコードした株を選択した．ここは進化論でいう自然選択のプロセスに相当する．カゼインを寒天プレートに加えておくと，細菌から分泌されたサブチリシン E が働いた場合には透明になるので，目で見るだけでも活性の有無が識別できる．

優れた変異体の遺伝子にさらにランダムに変異を加えて，再び細菌に導入した．これを 3 世代進めると，優れたサブチリシン変異体は，最初の酵素と比較して，60%のジメチルホルムアミド溶液中で 256 倍もの活性を示したのであった[2]．ここで用いられた方法は進化の理論とまったく同じで，"ランダム変異"と"自然選択"によるものである（図 10・1）．

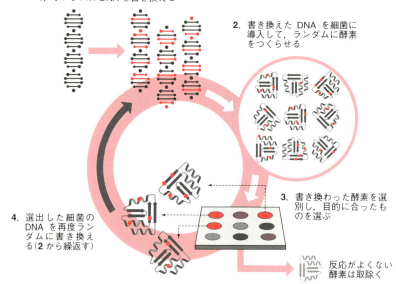

図 10・1 指向性進化法の原理 タンパク質をコードする遺伝子にランダムに変異を加えて，その遺伝子を細菌に導入してタンパク質をつくらせ，優れたものに再びランダムに変異を加えて，細菌にタンパク質をつくらせる．これを繰返すことでタンパク質を進化させる．[ノーベル賞公式プレスリリースより改変]

指向性進化法の優れたところは，進化させる前の酵素が目的とする働きをわずかでももっていれば，ランダムな変異と自然選択を組合わせることで進化させていけるこ

とにある.たとえば,ケイ素と炭素とを結合する酵素もこの方法によってつくられている[3].これは生きた細胞につくらせた初めてのケイ素と炭素の共有結合になる.この酵素の活性は,最も効率のよい化学触媒よりも15倍も高いというから驚きである.酵素は水溶液中の穏和な条件で反応するために,有機溶媒を使ったり高温が必要になったりする化学触媒と比較して環境にかかる負荷も少なくて済む.そのため,指向性進化法による新しい酵素の開発が進められてきている.

化学触媒と比べて酵素は光学異性体の識別も得意である[4].元の酵素が光学異性体の選択性をもっていれば,同様に進化させることができる.微生物の代謝経路に手を加えて効率よくバイオ燃料を合成する試みも盛んである.さまざまな応用が進むなかでも最も成功したのが,2018年のノーベル化学賞を分け合った**抗体医薬品**の開発である.

ファージとは,細菌に感染するウイルスのことをいう.ファージは殻をつくるカプシドタンパク質と,そのタンパク質をコードする遺伝子からなるきわめて単純な構造をもっている.2018年のノーベル化学賞を受賞したGeorge Smithは,ファージ遺伝子の中に別の遺伝子を入れておくと,その遺伝子にコードされたタンパク質がカプシ

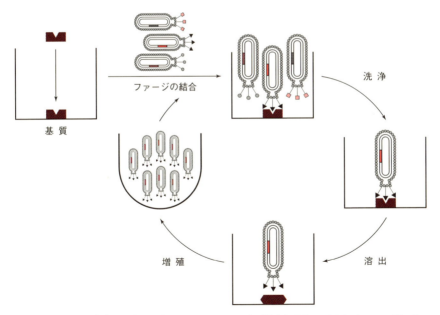

図10・2 ファージディスプレイ法の原理 ファージに提示させたペプチドはファージのもっている遺伝子にコードされている.ターゲットと結合するファージを選択し,ランダムにエラーを入れることでタンパク質を進化させる.

ドタンパク質に導入されることを発見した[5]．ペプチドがファージの表面に提示されるため，この方法を**ファージディスプレイ法**と命名した（図 10・2）．この発見の3年後，多様なペプチドを表面にもつファージの集合を"ライブラリ"として使い，ペプチドに特異的に結合する抗体を選択できることがわかった[6]．

ファージディスプレイ法が一躍有名になったのは，抗体を生産できることがわかってからだ．2018年のノーベル化学賞のもう一人の受賞者である Gregory Winter は，抗体の抗原結合部位をリンカーでつないだ一本鎖抗体をファージの表面に提示することに成功した[7]．この方法を使うと，マウスなどの異種生物につくらせた"キメラ抗体"ではなく，試験管内で完全ヒト型抗体が作製できる．つまり，抗体の薬の開発法になるのだ．

最初に認可された完全なヒト型モノクローナル抗体のアダリムマブ（商品名：ヒュミラ）も，進化工学によってつくられたバイオ医薬品である．2002年に米国食品医薬品局（FDA）に認可されてから，関節リウマチの優れた薬として今も広く使われている．現在の医薬品の売上高ランキングをみると，上位には抗体医薬品がずらりと並ぶ．低分子薬では治療が困難だったリウマチや喘息などの自己免疫疾患や，がんの治療が，抗体の投薬によって治療が可能になってきたからだ．現在の創薬には進化工学が不可欠になっている．

10・2 進化のアルゴリズム

ダーウィンが見抜いた進化の法則は実にシンプルである．親が子を生むとき，ときどき変異する．そうすると，環境への適応が異なり，よりよく適応した個体は次世代により多くの子を残すことになる．この自然選択によって多様な生物が生み出されてきた，というものだ．

現代の私たちにはメカニズムが理解できているように，変異とは DNA の変異であり，その結果，個体の性質が変化する．すなわち，表現型としての"実体"が，遺伝型としての"情報"とセットになっているのが生物の基本的な仕組みである．天才科学者 Manfred Eigen は，指向性進化法の実験が行われる前に理論的な枠組みを考えていたのは有名な話である[8]．38億年に及ぶ生命誌は，ノーベル賞の公式プレスリリースにも書かれているように，最終行に"1行目に戻る"と書かれているたった7行のアルゴリズムでつくられてきたものである．

1. 自己をテンプレートに変異体をつくる
2. それぞれの変異体を分離しクローンをつくる
3. クローンを増やす

4. クローンを発現させる
5. 最適な表現型を選別する
6. 最適な遺伝型を同定する
7. 最適な遺伝型のサンプルを得て1に戻る

　タンパク質の機能の改変や安定性の改良を試みるとき，かつて科学者たちは頭でデザインしようとしていた．私がタンパク質の研究をはじめた1990年代にも，ここのアミノ酸をこのように変化させると酵素活性がこう変化するという仮説を立てて，アミノ酸を改変してみる研究も多かった．私も酵素を合理的にデザインして至適pHを変化させたり，活性を上げようと試みたりしたことがあるが，今ではそういうふうにタンパク質を直接デザインをしてみようと考える人は少なくなっている．

　私たちは物事の原理を理解すればもっとうまくできる，いいものができると考えがちである．しかし，タンパク質のこのような研究から得られた結論はそれとは正反対である．要素が複雑にからまりあった現象は，タンパク質の立体構造という物理学的にはっきりした対象があったとしても，人間が理解できるような因果関係で解けるものではないのである．

　タンパク質をデザインするというと，進化工学を利用するか，もしくは次に紹介するような物理法則の第一原理からコンピューターで計算するか，いずれかを選ぶのが主流になってきている．いずれのアプローチも"人知を超えた科学"になっているのが興味深い．なぜそういうデザインになったのか理解しにくい結果が得られることも多いが，それは将棋でAIが指した手の意味がプロ棋士にもわからないことがあるようなもので，21世紀の科学らしさがある．そういう意味で，2018年のノーベル化学賞に与えられたこのテーマは素晴らしい選択であったと思う．

10・3　進化のゆりかご

　タンパク質は細胞内の夾雑（きょうざつ）した環境でさまざまな状態をとって働いている．なかでもタンパク質が凝集すると細胞は正常に働けなくなるため，細胞内には"シャペロン"とよばれるタンパク質が数多く存在し，凝集を防いでいる[9]（§7・4参照）．シャペロンと液-液相分離は細胞内にも確実に関係しており，これから"凝集"ではなく"ドロプレット"との関連の研究が増えていく．§6・4で紹介した核内輸送受容体のように，新しいタイプのシャペロンも発見されていくだろう．

　シャペロンは，変性したタンパク質を認識して結合する[10]．その間にタンパク質は凝集が防がれるので自ら正しくフォールディングできる[11]．ここで，シャペロンがタ

ンパク質の多様性を緩衝し，生命を維持しているという印象深い結果を紹介したい[12]．メキシカンテトラは，かつて光のない場所に適応しており，地上に棲息するテトラにも遺伝的な多様性が残されている可能性があった．実際にメキシカンテトラにHSP90の阻害剤を加えたところ，さまざまな目の大きさをもつ個体が現れた．つまり，優れたシャペロンの働きによって，さまざまな遺伝子の変異が許容されていたのである．HSP90は進化の可能性を蓄える"キャパシター"のように働いており[13]，HSP90の働きが損なわれる環境になれば，表現型が一気に放出されるという仕組みだ．

通常の環境で生育している間は表現型として現れないが，環境の変化によってある遺伝子の変異が表現型になって現れる変異を**隠れた遺伝的変異**（cryptic genetic variation）という[14]．このアイデアは，古典的にはConrad Waddingtonのカナリゼーションやエピジェネティック・ランドスケープ，木村資生の中立進化説などの概念を説明する分子的な根拠になる（図10・3）．表現型が同じように見えても，それを支える遺伝型が異なる可能性がある．そのため，ある遺伝子に変異が入ったときの表現型の変化は多様にありえるのだ．たとえば，同じ遺伝子の変異をもっているにもかかわらず，遺伝病が発症する人とそうでない人がいるのは，このようなシャペロンの働きで説明できるのではないだろうか[15]．

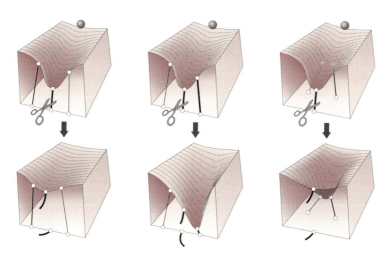

図10・3 カナリゼーション説 地表面の形（表現型）を決める隠されたヒモ（遺伝型）があるとする．真ん中のヒモを切ったとき，地表面の形は残りのヒモの強さによって変化する．表現型と遺伝型は1対1での単純な対応をしているのではないことがこのイメージ図によって理解できる．[A. B. Paaby *et al.*, 'Cryptic genetic variation: evolution's hidden substrate', *Nat. Rev. Genet.*, **15**(**4**), 247-258 (2014) より]

ダーウィンの進化論は，遺伝子にランダムな変異が生じて，有利な表現型をもつものが生き残るという考え方であった．しかし，生物の種の遺伝子プールには，潜在的な遺伝子変異がシャペロンによって蓄えられている．これが生物の進化の可能性を広げ，皮肉なことに疾患の原因にもなっているのだ．

タンパク質の立体構造はそう安定なものではなく，marginal stability（ぎりぎりの安定性）と称されることがある．タンパク質の変性や凝集が細胞に悪影響を与えるのであれば，なぜタンパク質はもっと安定な立体構造をもたないのか不思議なものだが，その一つの答えが，シャペロンの働きで説明できる．進化のゆりかごを使うために，タンパク質は不安定でなければならないのである．

10・4 *de novo* デザイン

タンパク質同士が会合した巨大な構造物は，細胞内の骨格タンパク質やウイルスのカプシドなど自然には広く見られるものである．このナノスケールの精密な構造物にインスパイアされた科学者たちは，自己組織化するタンパク質をどのようにかして組立てたいと夢見てきた[16]．現在では人工タンパク質がたくさんつくられているが，それは皮肉なことに，人間が自らの頭で考えなくなってからである．

ワシントン大学の David Baker らは，既存のタンパク質データベースを利用せず，物理学の第一原理から計算してタンパク質をデザインする方法を開発してきている．その中心になるアルゴリズムが Rosetta だ．直径約 25 nm の大きさをもつ 60 個ものサブユニット構造をもったカプセル状構造体[17]や，直径約 40 nm もの正 20 面体構造体[18]など Rosetta によって 100 kDa を超える巨大なタンパク質のデザインにも成功してきた．安定性も天然のタンパク質に劣るものではなく，80℃の高温や，飽和濃度に近い 6.7 M もの塩酸グアニジン溶液中でも立体構造を保っている．

このような人工タンパク質は，これまでは既存のタンパク質データベースに登録されている 10 万種類を超える立体構造から，類似した構造を検索するホモロジーモデリングが有力で，SWISS-MODEL や BLAST などさまざまなアルゴリズムが開発され，バージョンアップして広く使えるようになっている．そもそも類似したアミノ酸配列をもつタンパク質は似た構造を形成することが多いからだ．たとえばヒトのもっているある酵素の立体構造が明らかになっていれば，進化的に近いサルやウシはもちろん，酵母や大腸菌まで似た立体構造をもつので予測ができる．

しかし，Baker らが開発してきたアルゴリズム Rosetta は，既存の立体構造を利用しないのが特徴だ[19]．このアプローチは，ラテン語で "*ab initio*（第一原理）法" や *de novo*（新規）デザインなどとよばれる．既存のタンパク質構造をテンプレートにせず，全部の原子に働く相互作用を計算し，安定な立体構造を算出する方法である．

そのため，天然にはないタンパク質構造でも計算できるのが利点だが，もちろんモデリング法よりも計算量がはるかに多くなってしまうという重大な欠点がある．

ポリペプチドがとりうる立体構造はきわめて多い．§3・3でもふれたように，あるタンパク質がネイティブ構造をランダムに探すとすれば天文学的な時間がかかってしまう．このレビンタールのパラドックスのとおり，個々の分子構造からすべてのエネルギー地形を求めて最小エネルギーのネイティブ構造を実時間で計算するためには，さまざまな簡略化のプロセスが必要になる．たとえば，個々の溶媒分子は連続的な媒質とみなし，疎水効果や静電相互作用などを計算するといった簡略化が，現実的な課題となっている．

Rosettaが文献に最初に登場したのは意外にも古く，20年も前の1999年のことになる[20]．当時はインターネットがようやく広がりはじめた頃で，もちろんスマホもない時代だった．コンピューターのパワーが圧倒的に足らない時代，Rosettaは個人のコンピューターの空きを利用する分散コンピューティングを推進したことでも知られる．2005年には，85残基以下のタンパク質構造であれば，ほぼ計算できるというインパクトのある論文をBakerらは報告した[21]．それからの進歩は目覚ましく，2015年頃からは巨大な人工タンパク質がつぎつぎに登場してきた．

最近では，ヘリックス・ループ・ヘリックス・ループ構造を連ねただけの単純な反

天然の緑色蛍光タンパク質　　人工の蛍光タンパク質
（構成アミノ酸数: 238）　　（構成アミノ酸数: 110）

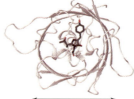

2.4 nm（24 Å）　　1.5 nm（15 Å）

図10・4　*ab initio*計算から組立てられた蛍光を発するタンパク質　左は天然にある緑色蛍光タンパク質で，右が人工デザインした蛍光タンパク質．サイズや発色団の位置などがかなり異なっているのがわかる．[J. Dou *et al.*, '*De novo* design of a fluorescence-activating β-barrel', *Nature*, **561**(**7724**), 485-491 (2018) より]

復構造を使い，未知の構造 83 種類をデザインしてみせた傑出した成果などがある[22]．実際にタンパク質を作製して構造を調べたところ，半数はモデル構造と一致したというから，デザイン精度はきわめて高い．自己会合するヘリックス構造をもつ線維状タンパク質[23]や，蛍光を発する β バレル構造をもったタンパク質[24]（図 10・4），タンパク質をコードする RNA を包む模倣ウイルス[25]（図 10・5）など，天然にはないタンパク質の構造物を第一原理計算から生み出してきている．

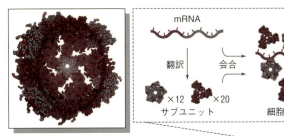

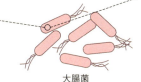

図 10・5　*ab initio* 計算によって組立てられた "ヌクレオカプシド"　自分自身のゲノムをもち，宿主にタンパク質をつくらせてゲノムをパッケージし，さらには進化もできるというウイルスと同じ性質を併せもつ．[G. L. Butterfield, 'Evolution of a designed protein assembly encapsulating its own RNA genome', *Nature*, **552**(**7685**), 415-420 (2017) より改変]

　望みの反応を触媒する酵素がデザインできるようになれば，いわば究極のグリーンケミストリーが実現する．酵素は水溶液中の穏和な環境で化学反応を触媒でき，しかも分解されやすいため，金属触媒や有機分子触媒に比べて環境負荷が少ないからだ．すでに製薬の分野では酵素の活用がかなり進んでおり，加水分解酵素や還元酵素，酸化酵素，アルドラーゼ，トランスアミナーゼなど 20 以上の酵素が分子の合成に使われているという[26]．しかし，コンピューターでの人工酵素のデザインはかなり難しいのが現状のようだ．新規酵素のデザインは，レトロアルドラーゼが登場した 2008 年にかなりの期待をもたれていたが[27]，それ以上には著しい進展がないように見える．新しい酵素を望み通りにデザインするためには，ペプチド鎖の力学的な運動だけでなく，電磁気学や量子化学の計算などを取込んだ精密な酵素専用の設計アルゴリズムが必要になるからだろう[28]．

　コンピューターアルゴリズムがつくり出した人工タンパク質は優れたものもあるが，なぜ生物はそれを使っていないのだろうか？ まだ使っていないだけなのか，機能からの制約や，細胞での合成の制約なども関連するのだろうか？ タンパク質の可能性の宇宙は私たちのこの宇宙よりもはるかに広いだけに（§3・3 参照），興味深い

論点である．

　生物の遺伝子にコードされているタンパク質は，何十億年という長い進化の末に現れたものである．一方，*ab initio* 法によってつくられた人工タンパク質は，物理的に安定な構造を形成するという基準だけで存在しているものだ．つまり，遺伝子にコードされておらず，進化的な祖先もなく，突然現れたタンパク質である．ではいったい，生物学的な天然タンパク質と，物理学的な人工タンパク質との間に，本質的な違いがあるのだろうか？

10・5　状態機能相関

　ここで，相分離生物学から見えてきた基本方程式を整理したい（図10・6）．この方程式は，状態と機能とを結ぶ**状態機能相関**とよべるものでこれらの見方を分子と細胞の間に入れることで，生きている現象をうまく説明できることも多いだろう．

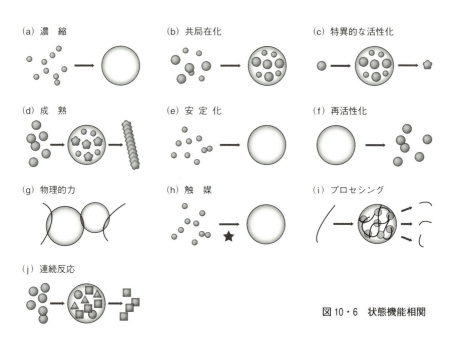

図10・6　状態機能相関

　a．濃　縮（concentration）　　ドロプレットの基本的な働きは濃縮である．基質やタンパク質などがドロプレットを形成すると，特定の分子が濃縮された状態になる．その結果，たとえば，mRNAを不活性化して保存できたり，DNAが凝縮してヘテロクロマチンを形成して遺伝子の発現が抑制されたり，基質となる分子が必要な場所の

近くにストックされていたりもするだろう．また，高濃度の溶液製剤の技術などにも応用できる．

b．共局在化（co-localization）　　複数のタンパク質が一時的にある場所に局在化して何かの働きを担っていたり，不活性化して保存されたような状態になっている．従来のタンパク質科学では，異種分子が集まって"場"をつくるといった見方が抜け落ちていた．しかし，細胞内は均質な状態ではなく，共局在化された領域があちこちにある．これが生きた状態である．

c．特異的な活性化（specific activation）　　タンパク質などがドロプレットに取込まれ，修飾を受けるなどして特異的に活性化した分子が放出される．たとえば，ATPはドロプレットを形成するがADPは排除されるような場合も，このスキームに相当する．

d．成　熟（maturation）　　あるタンパク質がドロプレットを形成することで濃縮された状態になり，その結果さらに安定性の高い凝集体へと成熟する．FUSのようにドロプレットを形成するだけでなく，その先にアミロイド化へと進むような例に相当するが，これから類似の発見が続くだろう．

e．安定化（stabilization）　　ドロプレットを形成することでタンパク質に環境からのストレスへの耐性をもたせる．たとえば，酵母プリオンSup35のように一時的にドロプレットを形成し，それがタンパク質を安定化する．成熟させずドロプレット状態を保つような方法がわかれば，バイオ医薬品の安定化技術として応用もできるだろう．

f．再活性化（reactivation）　　ドロプレットに取込まれているmRNAなどは，バルクにある状態とは異なるために不活性な状態として保存されている．そういう場合にはドロプレットを溶かすような条件の変化によって再活性化が起こる．たとえば，ストレス顆粒などは一時的な不活性化と再活性化のために働いている．

g．物理的力（forcing）　　ドロプレットの融合は物理的な力の原因にもなる．たとえば，ドロプレットが融合することで，それぞれのドロプレットに溶けているDNAが引っ張られて染色体の構造が変化するなどの影響を及ぼす．また，ヘテロクロマチンのようにDNAの特定の部分だけが濃縮されるようなケースもここに相当する．

h．触媒作用（catalysis）　　ある触媒によって分子が集まりドロプレットを形成する．たとえば，キナーゼによってリン酸化されたり，カルシウムイオンがタンパク質に結合したりすることでタンパク質の溶解性が変化し，ドロプレットを形成するような例も，これから発見が続くだろう．メカニズムを広義に捉えるなら，pH変化や温度低下などの環境因子の変化もここに入れてよい．

i. プロセシング（processing）　ドロプレットに取込まれることでその分子が修飾を受けて放出されるケースがある．RNA がドロプレットに取込まれ，しばらくすると切断を受けて放出されるなどの働きが想定できる．核内にある rRNA のプロセシングが行われる高密度線維状部などはこの働きをするドロプレットである．

j. 連続反応（sequential reaction）　ドロプレットの内部に複数の酵素が取込まれているケースでは，酵素の連続反応が効率的に進む．このような酵素と基質によるドロプレット形成は，代謝の複雑な反応を本当の意味で理解するための手がかりになるだろう．試験管内で連続反応を再現できる汎用的な方法を構築できると，産業的な価値もきわめて高い．

タンパク質の集合物とその働きから見ると，これまで理解しにくかった分子レベルでの生命の謎が理解しやすくなると思う．前生物時代の有機分子が濃縮されるイベントも，原核細胞から真核細胞への進化が可能になった理由も，1 対 1 のリレー形式ではどうにも納得しにくいシグナル伝達の仕組みも，連続的に反応が進む代謝反応の本来の姿も，翻訳後修飾やセカンドメッセンジャーの本当の仕組みも，生体内の夾雑系に生じるアミロイドへの成熟の謎も，アミロイド性の疾患の治療が困難な理由も，状態機能相関の基本方程式から説明できていく．これまで観察が困難だったという理由で研究が遅れてきたが，細胞内に 1 回だけ，一つだけ，数秒間だけ生じるような現象の理解に向かう時代がくる．そのための思考の手すりとしてこの基本方程式が活用できるだろう．

10・6　相分離メガネをかけて

状態機能相関の基本方程式は，分子と状態とを組合わせたものである．その結果，分子だけを見ていてもわからない機能や現象が見えてくる．このような"相分離メガネ"をかけて改めて再訪したいテーマがいくつかあるし，それらを踏まえて展開してみたいテーマもいろいろと思い浮かんでくる．

1980 年代から 1990 年代にかけて展開されてきた細胞内のクラウディングの研究（§9・9参照）は，"相分離メガネ"をかけて見直すとよいテーマの一つである．クラウディング中でのタンパク質の構造や機能の研究は，試験管内のきれいな実験系から細胞内の系に近づける 1 歩目として重要な試みである．当時のある論文を紐解くと，たとえば，グリセルアルデヒド-3-リン酸デヒドロゲナーゼの活性を測定するために，180 mg mL^{-1} もの高濃度のリボヌクレアーゼ A をクラウディングの物質として使った報告がある[29]．この研究を改めて見直すと，正電荷を帯びたタンパク質をクラウディング環境をつくるクラウダーとして使い，補酵素に NADPH を利用している．正電荷を帯びた高濃度のタンパク質と負電荷を帯びた補酵素は液-液相分離しや

すいので，そういう相分離した状態で酵素の性質を見ていた可能性があるだろう．

タンパク質や酵素や核酸のような高分子に限らず，ATP や NADPH やスペルミンなどの低分子も液-液相分離しやすい性質がある．条件を整えると生体分子は基本的には液-液相分離すると考えてよい．タンパク質の結晶化の実験などを思い出してもわかるように，ポリエチレングリコールなどを沈殿剤として加えるだけでもタンパク質は液-液相分離する．そのため，液-液相分離することを前提として実験系を組立てたり，理解するための基礎にしたりする必要があるというのが相分離生物学以降の時代の重要なポイントである．仮にある酵素がドロプレットをつくって活性が上がれば（§5・7参照），それが細胞内の生理機能とは関係がなくてもバイオテクノロジーに応用することはできる．逆に，試験管内で液-液相分離しにくい酵素があっても，生理機能を想定すればメタボロン（§5・2参照）のようなドロプレットを仮定した方がよいものもある．

コドン表なども，"相分離メガネ"をかけてみると見え方が変わってこないだろうか（表10・1）．コドンとは三つの塩基によって一つのアミノ酸が指定される配列のことである．アミノ酸は20種類，ストップコドンを入れても21種類あればいいので，64通りあるコドンとの対応は冗長になっている．複数のコドンが一つのアミノ

表10・1 コドン表

1番目の塩基	2番目の塩基†				3番目の塩基
	U	C	A	G	
U	UUU Phe UUC Phe UUA Leu UUG Leu	UCU Ser UCC Ser UCA Ser UCG Ser	UAU Tyr UAC Tyr UAA */Ter UAG */Ter	UGU Cys UGC Cys UGA */Ter UGG Trp	U C A G
C	CUU Leu CUC Leu CUA Leu CUG Leu	CCU Pro CCC Pro CCA Pro CCG Pro	CAU His CAC His CAA Gln CAG Gln	CGU Arg CGC Arg CGA Arg CGG Arg	U C A G
A	AUU Ile AUC Ile AUA Ile AUG Met	ACU Thr ACC Thr ACA Thr ACG Thr	AAU Asn AAC Asn AAA Lys AAG Lys	AGU Ser AGC Ser AGA Arg AGG Arg	U C A G
G	GUU Val GUC Val GUA Val GUG Val	ACU Ala ACC Ala ACA Ala ACG Ala	GAU Asp GAC Asp GAA Glu GAG Glu	GGU Gly GGC Gly GGA Gly GGG Gly	U C A G

† *：翻訳終止．

酸に対応する場合，3番目のコドンが異なるなどの見方がされてきた．このような進化のバイアスだけでなく[30]，繰返しや溶解性という見方で新しい次元での理解が深まるように思う．特徴的なものとして，繰返しのコドンに対応するアミノ酸がある．ウラシル（U）が並んだUUUのコドンはフェニルアラニンをコードしており，グアニン（G）が並んだGGGのコドンはグリシンを，アデニン（A）のAAAはリシンを，シトシン（C）のCCCはプロリンをコードしている．これらは液-液相分離する配列に頻出するアミノ酸だが（§9・3参照），単なる偶然なのだろうか？奈良県立医科大学の森英一朗さんが，スタートコドンに依存しない翻訳の説明のなかで，この仮説を教えてくれたのを印象深く憶えている．

アルツハイマー型認知症の患者の脳にはアミロイド（§6・1参照）とよばれるタンパク質凝集体が沈着しているため，これを抑制したり取除いたりする抗体が薬として有効に働くのではないかと考えられてきた．アデュカヌマブ（aducanumab）は脳に沈着したアミロイドを取除く働きのあるヒト遺伝子組換えモノクローナル抗体で，有力なアルツハイマー薬とされてきたが[31]，2019年3月に臨床試験を中止した．その前にもソラネズマブ（solanezumab）やクレネズマブ（crenezumab）などのモノクローナル抗体が，臨床試験の段階で効果が認められずに開発がストップしている．抗体以外にも，最近ではアミロイドのペプチドを生産するβ-セクレターゼの阻害剤であるベルベセスタット（verubecestat）や[32]，セレトニン受容体の拮抗薬であるイダロピルジン（idalopirdine）[33]などの臨床試験の中止が報告されている．

このような結果を見ていると，アミロイドの沈着はアルツハイマー病の原因ではなく結果なのではないかと思えてくる．事実，脳にアミロイドの沈着が生じている高齢者でも，認知症を発症しない人も大勢いる．アミロイドになりやすい配列は，同時に液-液相分離もしやすい性質を併せもつことから（§6・3，§7・3参照），生体内でのドロプレットの形成を抑制すると発症が抑制できるという"相分離仮説"が提唱できるのではないだろうか．アミロイド病は，アミロイド前駆体の形成の抑制ではなく，さらにその手前にあるドロプレットの形成を抑制することで抑制できる，という仮説だ．アミロイドもドロプレットも，クロスβが安定化の因子なのだとすれば，この仮説はもっともらしく思える．相分離シャペロン（§6・4）は，アミロイドの相分離仮説を実証する重要な手がかりになるだろう．

バイオテクノロジーの新フェーズを象徴するように，細胞内に膜のないオルガネラをつくらせる"相分離生物工学"も誕生している．非標準アミノ酸を組換えタンパク質に導入するために，遺伝子のコドン表を拡張する方法が開発されてきた[34]．たとえば3種類あるストップコドンのうちUAGを21番目の非標準アミノ酸に割り当てる方法である．標的となるmRNAにUAGの配列を導入し，同時に非標準アミノ酸の

生合成に必要な tRNA や合成酵素なども細胞に発現させると，非標準アミノ酸をもつ組換えタンパク質をつくることができる．だがこの方法では，宿主細胞が本来もつタンパク質の UAG の配列にも非標準アミノ酸が導入されてしまうという重篤な副作用がある．

この副作用を解決するために，ドイツのヨハネス・グーテンベルク大学マインツの Edward Lemke らの研究チームは，非標準アミノ酸を合成する"膜のないオルガネラ"を人工的に細胞内につくらせ，本来のタンパク質と隔離する方法を考えた[35]．組換え体の合成に必要なタンパク質や mRNA にはアゼンブラーと名付けた相分離しやすいペプチドと，モータータンパク質のキネシンを融合した．その結果，非標準アミノ酸の導入効率が約 8 倍も改善したのである．拡張された遺伝コードが，本来の遺伝コードと干渉しなくなる性質を直交性というが[36]，ドロプレットの働きの一つは，その内部に特定の機能を隔離する，いわば直交性を保つことである．細胞が生きているとは，転写や翻訳，シグナル伝達，代謝などの多様な働きが同時に生じていることにほかならないが，このような直交性を与える仕組みを生物工学に応用する方法として興味深い．細胞が用いている真の仕組みを応用する次世代の組換え技術になるからだ．

実際に細胞の中にドロプレットを形成させる研究とは逆に，一分子計測技術を集約して細胞内スケールのドロプレットを形成し，正確な物理化学的パラメーターを求める試みもはじまっている．試験管内で形成させたドロプレットは，バルク中で勝手に

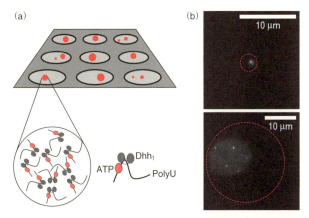

図 10・7　ウエル中のドロプレット　(a) 小さな空間にポリウラシルと天然変性タンパク質 Dhh_1 と ATP とを入れるとドロプレットを形成する．(b) ウエルのサイズを変化させると，小さなウエルには小さなドロプレットが形成される．[M. Shayegan *et al*., 'Probing inhomogeneous diffusion in the microenvironments of phase-separated polymers under confinement', *J. Am. Chem. Soc*., **141**(**19**), 7751-7757 (2019) より改変]

つくらせると1000倍も大きくなってしまう．そこで，カナダのマギル大学のSabrina Leslieらの研究チームは，ウエルの大きさを変化させてその中にドロプレットを作製した．その結果，現実に存在するような小さなサイズに抑えられたドロプレットを作製することができたのである[37]（図10・7）．興味深いことに，ドロプレットの内部の拡散速度は，理論的な予想よりもはるかに速いことがわかった．"hopping diffusion"という新しいメカニズムで説明できるというように，分子は理論的に推測できるよりもはるかに拡散しやすいのである．また，脂質で包んだリポソーム内に時空間的に制御してドロプレットを作成する方法の開発も進んでいる[38]．脂質膜の表面へのぬれ性によっても，ドロプレットの形状やサイズ，位置が変化すると考えられるので，このようなタイプの汎用的な計測装置づくりがこれからの相分離生物学の展開の鍵になる．

相分離生物学は誕生し，分子を観察する装置の解像度を上げるだけでは生命現象の本質には迫れないことに気づき始めた人が増えたのはよいことである．現象とは，分子と状態の組合わせだからである．どの分子が存在するかというだけでなく，その分子がどの状態をとるかによってそこから生まれる機能や現象は異なってくるからだ．つまり，これまで生命現象をよく説明してきた構造機能相関とともに，状態機能相関という見方があわさることで，新しい生物学が展開されていくことになる．これまでに分子の研究で成熟してきた一分子計測やクライオ電子顕微鏡，STED顕微鏡などの技術が，溶液の状態を調べる方法に拡張していくと生命現象の理解が飛躍的に深まるだろう．分子動力学シミュレーションも，水分子を含めた相分離や相転移を扱えるようになっていくと，最強のツールになるだろう．このような最新計測技術の開発と同時に，小さな光学顕微鏡の売れ行きもよくなっていくと思うが，こういうのもおもしろい．科学はこうやって進歩していくのである．

第10章の参考文献

1. K. Q. Chen *et al.*, 'Enzyme engineering for nonaqueous solvents: random mutagenesis to enhance activity of subtilisin E in polar organic media', *Biotechnology* (NY), **9**(**11**), 1073-1077 (1991).
2. K. Chen *et al.*, 'Tuning the activity of an enzyme for unusual environments: sequential random mutagenesis of subtilisin E for catalysis in dimethylformamide', *Proc. Natl. Acad. Sci.* USA, **90**(**12**), 5618-5622 (1993).
3. S. B. Kan *et al.*, 'Directed evolution of cytochrome c for carbon-silicon bond formation: Bringing silicon to life', *Science*, **354**(**6315**), 1048-1051 (2016).
4. R. Frey *et al.*, 'Directed evolution of carbon-hydrogen bond activating enzymes', *Curr. Opin. Biotechnol.*, **60**, 29-38 (2018).
5. G. P. Smith, 'Filamentous fusion phage: novel expression vectors that display cloned antigens on the virion surface', *Science*, **228**(**4705**), 1315-1317 (1985).
6. S. F. Parmley *et al.*, 'Antibody-selectable filamentous fd phage vectors: affinity purification of target genes', *Gene*, **73**(**2**), 305-318 (1988).

10. 新しいタンパク質研究　　　161

7. J. D. Marks *et al.*, 'By-passing immunization, human antibodies from V-gene libraries displayed on phage', *J. Mol. Biol.*, **222**(3), 581-597 (1991).
8. M. Eigen, 'Evolutionary molecular engineering based on RNA replication', *Pure and Applied Chem.*, **56**(8), 967-978 (1984).
9. F. U. Hartl *et al.*, 'Molecular chaperones in the cytosol: from nascent chain to folded protein', *Science*, **295**(5561), 1852-1858 (2002).
10. A. Tissières *et al.*, 'Protein synthesis in salivary glands of drosophila melanogaster: relation to chromosome puffs', *J. Mol. Biol.*, **84**(3), 389-398 (1974).
11. J. Wu *et al.*, 'Heat shock proteins and cancer', *Trends Pharmacol. Sci.*, **38**(3), 226-256 (2017).
12. N. Rohner *et al.*, 'Cryptic variation in morphological evolution: HSP90 as a capacitor for loss of eyes in cavefish', *Science*, **342**(6164), 1372-1375 (2013).
13. S. L. Rutherford *et al.*, 'Hsp90 as a capacitor for morphological evolution', *Nature*, **396**(6709), 336-342 (1998).
14. A. B. Paaby *et al.*, 'Cryptic genetic variation: evolution's hidden substrate', *Nat. Rev. Genet.*, **15**(4), 247-258 (2014).
15. G. I. Karras *et al.*, 'HSP90 shapes the consequences of human genetic variation', *Cell*, **168**(5), 856-866 (2017).
16. R. F. Service, 'Rules of the game', *Science*, **353**(6297), 338-341 (2016).
17. Y. Hsia *et al.*, 'Design of a hyperstable 60-subunit protein icosahedron', *Nature*, **535**(7610), 136-139 (2016).
18. J. B. Bale *et al.*, 'Accurate design of megadalton-scale two-component icosahedral protein complexes', *Science*, **353**(6297), 389-394 (2016).
19. R. Das *et al.*, 'Macromolecular modeling with rosetta', *Annu. Rev. Biochem.*, **77**, 363-382 (2008).
20) K .T. Simons, 'Ab initio protein structure prediction of CASP III targets using ROSETTA', *Proteins*, **Suppl 3**, 171-176 (1999).
21. P. Bradley *et al.*, 'Toward high-resolution de novo structure prediction for small proteins', *Science*, **309**(5742), 1868-1871 (2005).
22. T. J. Brunette *et al.*, 'Exploring the repeat protein universe through computational protein design', *Nature*, **528**(7583), 580-584 (2015).
23. H. Shen *et al.*, 'De novo design of self-assembling helical protein filaments', *Science*, **362**(6415), 705-709 (2018).
24. J. Dou *et al.*, 'De novo design of a fluorescence-activating β-barrel', *Nature*, **561**(7724), 485-491 (2018).
25. G. L. Butterfield, 'Evolution of a designed protein assembly encapsulating its own RNA genome', *Nature*, **552**(7685), 415-420 (2017).
26. U. T. Bornscheuer *et al.*, 'Engineering the third wave of biocatalysis', *Nature*, **485**(7397), 185-194 (2012).
27. L. Jiang, 'De novo computational design of retro-aldol enzymes', *Science*, **319**(5868), 1387-1391 (2008).
28. V. V. Welborn *et al.*, 'Computational design of synthetic enzymes', *Chem. Rev.* (2018). doi: 10.1021/acs.chemrev.8b00399.
29. A. P. Minton *et al.*, 'Effect of macromolecular crowding upon the structure and function of an enzyme: glyceraldehyde 3-phosphate dehydrogenase', *Biochemistry*, **20**(17), 4821-4826 (1981).
30. J. T. Wong, 'Role of minimization of chemical distances between amino acids in the evolution of the genetic code', *Proc. Natl. Acad. Sci. USA*, **77**(2), 1083-1086 (1980).
31. J. Sevigny *et al.*, 'The antibody aducanumab reduces Aβ plaques in Alzheimer's disease', *Nature*, **537**(7618), 50-56 (2016).
32. M. F. Egan *et al.*, 'Randomized trial of verubecestat for mild-to-moderate Alzheimer's disease', *N. Engl. J. Med.*, **378**(18), 1691-1703 (2018). doi: 10.1056/NEJMoa1706441.
33. A. Atri *et al.*, 'Effect of idalopirdine as adjunct to cholinesterase inhibitors on change in cognition in patients with Alzheimer disease: three randomized clinical trials', *JAMA*, **319**(2), 130-142 (2018).

34. E. A. Lemke, 'The exploding genetic code', *Chembiochem*, **15**(**12**), 1691-1694 (2014).
35. C. D. Reinkemeier *et al.*, 'Designer membraneless organelles enable codon reassignment of selected mRNAs in eukaryotes', *Science*, **363**(**6434**), pii: eaaw2644 (2019).
36. C. C. Liu, 'Toward an orthogonal central dogma', *Nat. Chem. Biol.*, **14**(**2**), 103-106 (2018).
37. M. Shayegan *et al.*, 'Probing inhomogeneous diffusion in the microenvironments of phase-separated polymers under confinement', *J. Am. Chem. Soc.*, **141**(**19**), 7751-7757 (2019).
38. S. Deshpande *et al.*, 'Spatiotemporal control of coacervate formation within liposomes', *Nat. Commun.*, **10**(**1**), 1800 (2019).

あ と が き

　大学生だった1990年代，生化学や分子生物学の分厚い教科書を読みながら，タンパク質のレベルでは細胞内の仕組みはすでにほとんどが理解されているのだなという感想をもっていた．しかし，生命現象を説明するためには，分子を"どのように組合わせるのか"という視点や，その背後にある"なぜ組合わされるのか"という見方が抜け落ちていることにも気づいていた．そのためには，物質ではなく物性を見て，分子ではなく状態を考える思考のスケール（基準）が必要だろうと考えて，25年ほどタンパク質の溶液状態の研究をしてきたことになる．

　私の研究室では，毎朝9時から30分間かけて論文を1本読み切るという"朝輪"を学生たちとずっと続けてきた．朝稽古のようなものだ．朝輪のなかで本書にも紹介した論文を100本は読んだ．そのなかで学生たちと議論をしてきた成果が，相分離生物学を理解してきた核になっている．自分たちの研究に取組むだけではなく，世界中で行われている論文をタイムリーに読み続けていると，フィードバックされて理解できることが増えてくるものである．筑波大学の応用理工学類という，分野横断的な学部に所属しているからこそ見えてきたところもあると思う．

　卒業研究のために配属されてきた4年生と雑談しているとき，先生や先輩たちが液-液相分離の話題を取上げた論文をこれだけおもしろがっているのが不思議だと言っていたのを印象深く覚えている．彼らは研究室に配属されたとき，研究室にはすでに相分離生物学があったからだ．このような"相分離ネイティブ"たちが活躍する頃，タンパク質研究は本格的に次世代に移行するのだろう．本書はその境で書かれたものである．

　本書を執筆するにあたり，研究室に所属していた14期のメンバーに特に感謝したい．共凝集と相分離の違いで博士号を取得した岩下和輝君，古典的な液-液相分離で現代風のおもしろい研究を展開してくれた芝田知可さん，バイオ医薬品の濃縮状態がドロプレットであることを発見して研究者を志した三村真大君，それを粘度の低下させる方法にした津村圭亮君，ドロプレットとアミロイドとの関係という最重要課題に正面から取組む西奈美卓君，夢

のような酵素の連続反応を試験管内で実現しようと試みている浦 朋人君，相分離ネイティブとして共凝集のテーマに取組む木原良樹君と抗体溶液のオパレッセンスの謎を解いた仲内喜大君は，多くの論文を一緒に読んで議論してくれた．また，本書の草案は，筑波大学大学院数理物質科学研究科の講義"生物医工学Ⅰ"でかなりの分量を読み，受講生から重要な指摘をもらった．

最後に，"相分離生物学"と題した解説記事を"現代化学"誌に執筆する機会を下さった東京化学同人の江口悠里さんと湊夏来さん，本書を書くよう勧めてくれた石田勝彦さん，編集に携わってくれた住田六連さん，とりわけ，タイトなスケジュールの中で細かな点まで注意深く原稿の仕上げに携わってくれた丸山 潤さんに心より感謝いたします．

2019年7月

白 木 賢 太 郎

索　引

あ行

lncRNA　56
Eigen, M.　148
アクティブマター　7, 119
アグロメレート　67
アスパラギン　103
アセチル化　26, 41, 52
アセチル CoA　63
アダリムマブ　139, 148
アデノシン三リン酸 → ATP
アデノシン二リン酸 → ADP
アデュカヌマブ　158
Arnold, F.　145
ab initio 法　8, 151, 154
アミノ酸　63, 124
アミロイド　7, 82, 85, 158
アミロイドβ　83, 99
rRNA　48
RNA　48
RNA 顆粒　2
RNA 干渉　49
RNA 結合タンパク質　90
RNA スポンジ　49
RNA ポリメラーゼⅡ　17, 27
アルギニン　95
Alzheimer, A.　83
アルツハイマー型認知症
　　　　　　　83, 99, 158
RBPs　90
αシヌクレイン　83
αヘリックス　127
Alberti, S.　87, 93, 100, 103
RubisCO → RubisCO
　　　　　　　（ルビスコ）

安定化　155
Anfinsen, C.　11
アンフィンセンドグマ　11

eIF2　52
異　化　63
異性化酵素　63
イソメラーゼ　63
イダロビルジン　158
一次構造　107, 127
遺伝暗号表　36
遺伝型　148
遺伝子プール　151
EPYC1 → EPYC1
　　　　　（エピックワン）

Winter, G.　148
牛海綿状脳症 → 狂牛病
Uversky, V.　41, 44

HSP → 熱ショックタンパク質
hnRNPA1　89
hnRNPA2　89
ALS → 筋萎縮性側索硬化症
液‐液相分離　3, 17
液滴 → ドロプレット
siRNA　48
snoRNA　59
SlmA　76
scaRNA　59
STED 顕微鏡 → STED 顕微鏡
　　　　　（ステッドケンビキョウ）
SUMO 化　26
Sup35　100
X 線結晶構造解析法　38
ATP　3, 91
ADP　91
NIR → 核内輸送受容体

NMR 法　40
NLS → 核移行シグナル
Nup54　96
エピジェネティクス　16
EPYC1　72
FRAP 法　21, 111
FtsZ　76
FUS　44, 84, 86
miRNA　49
mRNA　48
mTOR　24
mTORC1　17, 23
LLPS → 液‐液相分離
塩酸グアニジン　136
エンドソーム　1

オキシドレダクターゼ　63
オスモライト　95, 135
オートファジー　25, 28
オーバークラウディング　118
オプトジェネティクス　112
オマリズマブ　139
オルガネラ　1

か行

解糖系　64
カオトロープ　78, 135
鍵と鍵穴　38
核　1
核移行シグナル　87, 90
核磁気共鳴法　28
核小体　1, 2, 59
核内輸送受容体　29, 88
核　膜　1
核膜孔複合体　2

索引

隠れた遺伝的変異 150
加水分解酵素 63
Castaneda, C. 29
カチオン-π相互作用 4, 129
滑面小胞体 1
カナリゼーション説 150
カハール体 2, 59
カフェイン 92
Karpen, G. 14
カリオフェリン-β2 89
カルネキシン 52
カルボキシソーム 70

キナーゼ 23
木村資生 150
キモトリプシン 77
CasDrop 114
Q/N リッチ 103
狂牛病 84, 98, 99
共凝集 133
共局在化 155
凝集 131
凝集顆粒 3
凝集前駆体 133
凝集体 82, 133
凝集抑制剤 95, 135
筋萎縮性側索硬化症 7, 28, 84, 86

クエン酸回路 63
クライオ電子顕微鏡 70
クラウダー 156
クラウディング 74, 141
クラスリン被覆小孔 1
クラスリン被覆小胞 1
Gladfelter, A. 55
クラミドモナス 70
CRISPR 114
CRISPR-Cas9 114
グリセロール 63
Crick, F. 39
グリーンケミストリー 153
グルタミン 103
Gruebele, M. 142
クレネズマブ 158
クロイツフェルト・ヤコブ病 99
クロス β 44, 83, 84
クロマチン 1
蛍光タンパク質 19

Kapβ2 → カリオフェリン-β2
Kendrew, J. 39
格子光シートイメージング 19
高次構造 127
合成酵素 63
構造機能相関 32
抗体医薬品 147
酵母 4
高分子電解質 137
五次構造 3, 106, 107, 128
コスモトロープ 78, 135
後藤祐児 34
コドン 157
ゴルジ体 1
コンゴーレッド 83

さ 行

再活性化 155
細胞骨格 1
細胞周期 55
細胞小器官 → オルガネラ
細胞膜 1
サイレンシング 5
サッカリン酸 67
サブチリシンE 145
サブユニット 128
酸化還元酵素 63
三次構造 107, 127

G3BP1 52
circRNA 48
CRISPR → CRISPR
（クリスパー）
GroEL 104
GENCODE 56
GEMs 25
Cas 遺伝子群 114
CasDrop → CasDrop
（キャスドロップ）
GFP → 緑色蛍光タンパク質
GLH-1 110
シグナル伝達 6
指向性進化法 8, 145
cGAS 21
cGAMP 21
脂質 63
脂質化 26

ジスルフィド結合 35
自然選択 145, 146
シナプス後肥厚 2
Sharp, P. 49
シャペロン 88, 103, 149
Zhou, Q. 27
出芽酵母 100, 102, 103
状態機能相関 154
除去付加酵素 63
触媒効率 77, 79
触媒作用 155
触媒三残基 34
Jonikas, M. 70
Jones, D. 45
神経変性疾患 7
人工タンパク質 151, 154
親水性アミノ酸 124

水素結合 128
スクレイピー 84, 98
スタート凝集体 133
STED 顕微鏡 21
ストレス顆粒 2, 52
スーパーコンセントレーション 118
スペルミン 95
Smith, G. 147
Srere, P. 66

成　熟 155
生殖顆粒 2, 4, 17
生殖細胞系列 109
静電相互作用 4, 128
生物学的相分離 3
セカンドメッセンジャー 6, 21, 24
ZYG-9 75
染色体 5
　──の構造 13
線　虫 4
セントラルドグマ 11

相　図 140
相分離シャペロン 7, 88
相分離生物学 5
相分離生物工学 158
疎水性アミノ酸 124
疎水性指数 125
疎水性相互作用 128
粗面小胞体 1
ソラネズマブ 158

索　引

た 行

代　謝　7, 62
代謝マップ　64
Dyson, J.　40
タウタンパク質　99
Dunker, K.　41
タンパク質　63, 124
タンパク質構造データバンク
　　　　　　　　　　39
タンパク質高分子電解質複合体
　　　　　　　　　　137
タンパク質フォールディング
　　　　　　　　　　34
Chen, Z.　22
チオシアン酸イオン　78
チオフラビンT　83
チャネルロドプシン　112
中心小体　1
チューブリン　75

tRNA　48
TAF15　89
Tjian, R.　19
TDP-43　56
TPXL-1　75
低複雑性ドメイン　14, 87
DYRK3　22
de novo デザイン　151
転移酵素　63
転位酵素　63
電子伝達系　63
転　写　5, 6, 11
天然変性タンパク質　6, 14, 40
伝　播　98

糖　化　26
同　化　64
透析アミロイドーシス　84, 99
等電点　134
特異的な活性化　155
Dobson, C.　84
ドメイン　128
トランスフェラーゼ　63
トランスロカーゼ　63
トリプシン　32

(トリメチル)アミンオキシド
　　　　　　　　　　95
p-トルエンスルホン酸　92
ドロプレット　3
Tompa, P.　41

な 行

Narlikar, G.　15
二次構造　107, 127
尿　素　135
Nuage 顆粒　17
熱ショックタンパク質　103
ネフリン　17
濃　縮　154
濃度勾配　51

は 行

排除体積効果　141
ハイドロトロープ　20, 92
π-π 相互作用　4, 129
Hyman, A.　4, 74, 87, 92, 93, 100
Hayer-Hartl, M.　73
Parker, R.　54
Parkinson, J.　83
パーキンソン病　83
バルビアニ小体　2
ハンチントン病　99

PixELLs　113
PML体　2
polyE　138
光遺伝学　112
P 顆粒　2, 4, 110
p53　41
PCR法　146
PGL-1　110
PcG　2
ヒストン　6
非対称性　51
PDB → タンパク質構造
　　　　　　データバンク

ヒトゲノム計画　12
ヒドロキシ化　26
ヒドロラーゼ　63
PPC　137
P ボディ　2
PURE システム　116
ヒュミラ　148
表現型　148
ピルビン酸　63
ピレノイド　70

Fire, A.　49
ファージ　147
ファージディスプレイ法　148
ファネルモデル　37
Hwang, D. S.　131
Fischer, E.　38
FISH 法　51
Finkelstein, A.　35
フォトブリーチング法　21
フォールディング　11, 34
物理的力　155
プラーク　83
Brangwynne, C.　4
プリオン　7, 84, 98
プリノソーム　67
Prusiner, S.　98
プロセシング　156
分散コンピューティング　152
分子クラウディング　141
分裂酵母　102

Baker, D.　151
Bake, K.　57
Weil, D.　53
べき乗則　118
ベシクル　117
β シート　127
β ストランド　127
$β_2$ ミクログロブリン　84, 99
ヘテロクロマチン　14
ペルオキシソーム　1
Pelkmans, L.　23
ベルベセスタット　158
変性剤　136
ポアソン分布　117
ホスホグリセリン酸キナーゼ
　　　　　　　　　　142
ホフマイスター系列　79
ホモロジーモデリング　151

ポリアクリル酸　77
ポリアミノ酸　3
ポリアリルアミン　77
ポリイオンコンプレックス　27, 137
ポリ-L-グルタミン酸　138
Pauling, L.　39
Baldwin, A.　17
Homouz, D.　142
翻訳　6, 11
翻訳後修飾　25

ま 行

マイクロRNA　49
膜クラスター　2
膜のないオルガネラ　2
膜輸送　5
McKnight, S.　5, 44, 87
McConkey, E.　106
マルチバレント相互作用　130

ミオグロビン　39, 84
ミカエリス定数　69, 77, 79
ミカエリス・メンテン式　38
ミトコンドリア　1, 63
Mueller-Cajar, O.　72
Minton, A.　141

ムーアの法則　12
無細胞タンパク質合成系　116

メタボロン　66
メチル化　26, 41, 52

Mello, C.　49

森英一朗　158
モルテン・グロビュール　37

や 行

Jacobs-Wagner, C.　25
Young, R.　20
Yancey, P.　95

Ure2　100
uRNA　57
有糸分裂　23
ユークロマチン　14
ユビキチン　28
ユビキチン化　26, 41
UBQLN2　28
Uボディ　2

溶解度　125
四次構造　107, 128

ら 行

Wright, P.　40
ライム病　142
Ramaswamy, S.　119
ランダム変異　146

リアーゼ　63
離液系列　79

リガーゼ　63
リソソーム　1
リピッドワールド　116
リフォールディング　35, 136
リボ核酸　48
リボシル化　52
リボソーム　1, 4
Lim, W.　68
硫酸イオン　78
緑色蛍光タンパク質　101
リン酸化　6, 26, 41, 52
リン酸化酵素 → キナーゼ
Lindquist, S.　103

Rudolph, R.　136
RubisCO　69

Leslie, S.　160
レビー小体　83
Levinthal, C.　36
レビンタールのパラドックス　36, 152
Lemke, E.　159
連続反応　156

Rosetta　151
Rosen, M.　5, 43, 58, 74
ロングテール　118

わ

Waddington, C.　150
Watson, J.　39

白木　賢太郎
しら き けん た ろう
　　1970年 大阪に生まれる
　　1994年 大阪大学理学部 卒
　　1999年 大阪大学大学院理学研究科博士課程 修了
　　現 筑波大学数理物質系 教授
　　専門 タンパク質溶液科学
　　博士(理学)

第1版　第1刷　2019年8月1日 発行

相 分 離 生 物 学

Ⓒ 2019

著　者　　白 木 賢 太 郎
発行者　　小 澤 美 奈 子
発　行　　株式会社 東京化学同人
東京都文京区千石3丁目36-7(〒112-0011)
電話 03-3946-5311・FAX 03-3946-5317
URL: http://www.tkd-pbl.com/

印　刷　日本ハイコム株式会社
製　本　株式会社 松岳社

ISBN978-4-8079-0965-0
Printed in Japan
無断転載および複製物(コピー, 電子データなど)の無断配布, 配信を禁じます.